本书由新型网络与检测控制国家地方联合工程实验室支持

未来网络技术测试

王中生　　王建国　　著

科学技术文献出版社
SCIENTIFIC AND TECHNICAL DOCUMENTATION PRESS
·北京·

图书在版编目（CIP）数据

未来网络技术测试 / 王中生，王建国著. —北京：科学技术文献出版社，2024.1
（2025.1重印）

ISBN 978-7-5235-0899-2

Ⅰ.①未… Ⅱ.①王… ②王… Ⅲ.①计算机网络—研究 Ⅳ.① TP393

中国国家版本馆 CIP 数据核字（2023）第 209968 号

未来网络技术测试

策划编辑：丁芳宇 张雨涵 责任编辑：张　丹 邱晓春 责任校对：王瑞瑞 责任出版：张志平

出　版　者	科学技术文献出版社
地　　　址	北京市复兴路15号　邮编　100038
编　务　部	（010）58882938，58882087（传真）
发　行　部	（010）58882868，58882870（传真）
邮　购　部	（010）58882873
官方网址	www.stdp.com.cn
发　行　者	科学技术文献出版社发行　全国各地新华书店经销
印　刷　者	北京虎彩文化传播有限公司
版　　　次	2024 年 1 月第 1 版　2025 年 1 月第 3 次印刷
开　　　本	710×1000　1/16
字　　　数	215千
印　　　张	14.5
书　　　号	ISBN 978-7-5235-0899-2
定　　　价	58.00元

研究课题组

内容摘要

2007 年 4 月，国际标准化组织（ISO）和国际电工委员会（IEC）在西安召开会议，全会通过决议 6N13307，成立"未来网络研究标准课题"。2008年 4 月，ISO/IEC 与国际电信联盟电信标准化部门 ITU–T 联合召开未来网络日内瓦会议，决定启动未来网络技术新项目提案，认可中国在 6N13488 中的评论，认为中国提交的十进制网络技术可以作为未来网络技术的选择对象。

工业和信息化部十进制网络标准工作组自 2001 年 9 月成立以来，联合国内多所高等院校、科研机构在未来网络技术上进行了 20 多年的研究，完成了全部自主知识产权的未来网络系统，取得了一系列创造性新成果。

本书全面介绍了未来网络核心技术测试，主要内容包括：未来网络测试概述、未来网络根服务器测试、DNSV9 域名解析测试、IPV9 数据包报文测试、数字域名解析测试、IPV9 地址加密与攻防测试、自主可控服务器操作系统、未来网络管理测试及泰山操作系统等。本书内容翔实、图文并茂、通俗易懂，适合广大网络爱好者及普通大众了解未来网络技术的本质内涵，希望促进自主可控的未来网络健康发展。

序　言

网络安全一直受到世界各国的高度关注，目前，美国拥有的 IPv6 和 IPv4 地址量均位居全球第一。IPv4 地址空间为 32 位二进制，地址空间长度设置不够，使得 IP 资源十分有限，到 2010 年已无可以分配的地址。1996 年，美国因特网工程任务组（IETF）发布了 RFC1883 的 IPv6，用于替代 IPv4，由于 IPv4 和 IPv6 地址格式不同，互不兼容，因此在未来很长的一段时间里，会出现 IPv4 和 IPv6 长期共存的局面。研究表明 IPv6 在解决 IPv4 地址不足问题的同时也出现了一些新的不足之处，全球 IPv6 技术仍处于不断研究与发展阶段。

《中华人民共和国国民经济和社会发展第十四个五年规划和 2035 年远景目标纲要》中，将未来网络纳入"国家重大科技基础设施"和"前沿科技和未来产业"（国家战略性新兴产业），"十四五"规划纲要也明确提出"建立健全关键信息基础设施保护体系，提升安全防护和维护政治安全能力"，推动以联合国为主渠道、以《联合国宪章》为基本原则制定数字和网络空间国际规则。

工业和信息化部十进制网络标准工作组自 2001 年 9 月成立以来，联合国内高校和科研机构在新一代计算机网络领域进行了 20 多年的研究，提出了四层和三层混合通信模型和先验证后通信、零信任的安全机制，地址长度从 16 位到 2048 位，默认地址位数 256 位，开发了母根服务器及 N～Z 根服务器，完成了具有中国自主知识产权的未来网络系统。

当前，中国自主知识产权的未来网络技术已经在山东、北京、吉林、西安、新疆、四川、湖南等地进行了测试应用，取得了良好效果。新型网络与检测控制国家地方联合工程实验室参与了多项未来网络技术开发与测试工作。该技术将十进制编码作为地址表示方法，具有巨大的可分配 IP 地址空

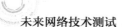

间，是未来数字世界、数字货币及万物互联的基石。

通过阅读此书，可以让大家了解到中国网络学者及专家多年来在自主知识产权网络开发中的重大科研工作及取得的重要进展，本书的作者将整套系统进行了技术测试和验证，具有十分重要的意义。希望此书可以让更多读者认识和了解未来网络，更多学者投身未来网络的开发和建设中，推动我国网络安全和信息化事业取得更多成就。

新型网络与检测控制国家地方联合工程实验室主任
2023 年 12 月

前　言

　　未来网络是 2007 年以来国际标准化组织（ISO）和国际电工委员会
（IEC）推出的一个国际标准化项目，其宗旨是用空杯设计和全新架构的方法
开发一个全新的、能够独立于现有因特网之外的网络体系，实现更安全、更
经济、更快捷、更灵活、更能满足新时代要求的计算机网络。

　　2008 年 4 月，ISO/IEC 与国际电信联盟电信标准化部门 ITU-T 联合召开
了未来网络日内瓦会议，决定启动未来网络技术新项目提案。会议认可中国
在 6N13488 中的评论，认为中国提交的十进制网络技术可以作为未来网络技
术的选择对象。

　　工业和信息化部十进制网络标准工作组自 2001 年 9 月成立以来，联合国
内高校和科研机构在新一代计算机网络领域开展了 20 多年的研究，找到了新
的网络资源 "[" 和 "]" 分隔符、256 位大地址空间、以联合国国家注册代码
的如 "chn" 等三字符国家域名、以联合国国际电信联盟如 "86" 作为前缀的
网络地址和自治域号，提出了四层和三层混合通信模型和先验证后通信、零
信任的安全机制，开发了从母根服务器到 N ～ Z 的 13 个根域名服务器，完成
了具有中国自主知识产权的未来网络系统。美国联邦专利局于 2011 年通过专
利 US8082365B1 授权，确认中国的未来网络与美国因特网拥有不同的网络核
心技术。

　　国家标准化管理委员会函〔2014〕46 号、国家标准化管理委员会函
〔2015〕49 号明确工业和信息化部十进制网络标准工作组的中国专家主导制
定了《信息技术 未来网络 问题陈述与要求 第 2 部分：命名与寻址》（ISO/
IEC TR 29181-2）和《信息技术 未来网络 问题陈述与要求 第 5 部分：安全》
（ISO/IEC TR 29181-5）技术报告标准。2016 年 6 月，工业和信息化部公告批
准了未来网络体系的 6 个标准：《用于信息处理产品和服务数字标识格式》

（SJ/T 11603—2016）、《基于十进制网络的射频识别标签信息定位、查询与服务发现规范》（SJ/T 11604—2016）、《基于射频技术的用于产品和服务域名规范》（SJ/T 11605—2016）、《射频识别标签信息查询服务的网络架构技术规范》（SJ/T 11606—2016）、《数字域名规范》（SJ/T 11271—2002）、《商务领域射频识别标签数据格式》（SB/T 10530—2009）。

中国全部知识产权的未来网络系统自 2015 年进入测试应用阶段。该技术已经在山东泰安市医疗生态域建设、吉林省政法委系统、北京邮电大学、上海市政工程设计研究总院、西安工业大学、新型网络与检测控制国家地方联合工程实验室等项目与单位进行了试验应用，取得了良好的效果，真正实现了"自主、安全、高速、兼容"的目标。

为了让人们正确认识和了解自主可控未来网络技术的完整性、科学性及合法性，摒弃网络不良言论，促进自主可控网络健康发展，我们组织多位长期从事未来网络研究的技术人员及专家，帮助完成了这本《未来网络技术测试》。主要内容包括：未来网络测试概述、未来网络根服务器测试、DNSV9 域名解析测试、IPV9 数据包报文测试、数字域名解析测试、IPV9 地址加密与攻防测试、自主可控服务器操作系统、未来网络管理测试和泰山操作系统。

本书在撰写过程中得到多位长期从事未来网络研究人员的精心指导，并参阅了大量电信及网络的专著及文献，在参考文献中也已标注，如有未标明处，请与本书作者取得联系，本书研究课题组对所有提供资料的老师和研究者表示感谢。由于作者水平有限，时间仓促，本书肯定存在一些缺点和不足之处，欢迎广大读者提出建设性意见和建议，您的意见和建议将会对本书的优化与完善起到重要的促进作用，诚望不吝赐教。

作者：王中生　王建国

2023 年 8 月于西工新苑

目　录

第1章 未来网络测试概述

现代的人们已经离不开因特网。人们通过网络连接世界，收发电子邮件、浏览信息、在线购物、在线支付、在线办公，网络已经融入人们生活、工作的方方面面。目前，信息传递与服务网络都是基于 IP 框架下的单点信息传送系统，该系统需要通过键盘输入完成信息采集，限制了计算机网络的进一步发展，使键盘资源成为 IP 框架网络的障碍。时至今日，尚未有脱离键盘输入的个人计算机网络，因此，需从 IP 的概念来介绍当前的网络技术状况。

1.1 IP 框架网络概述

IP 即 IP 协议，是指连接到因特网（Internet）上的计算机之间实现信息交流的一组规则。IP 协议因此也被称为"因特网协议"。通过 Internet 可以实现浏览网页、下载文件、收发电子邮件、聊天、在线办公等各种功能，不同的功能就是不同的协议在发挥作用。这一系列协议组成一个协议簇，简称为 TCP/IP 协议或 IP。IP 协议规定每台联网的计算机都拥有唯一且不重复的标识，这个标识称为 IP 地址（Internet Protocol Address），因此，IP 也称为因特网协议地址，也可以翻译为网际协议地址。由于拥有唯一的地址，保证了用户在联网的计算机上进行操作时，能够高效且方便地从千千万万台计算机中选出自己所需要的对象来。

1.1.1 IP 的概念

1.1.1.1 IPv4

IPv4 即 Internet Protocol version 4，是因特网协议开发过程中的第四个修订版本，也是第一个被广泛部署的版本、使用最广泛的协议版本。IPv4 是因特网的核心，是美国因特网工程任务组（The Internet Engineering Task Force，IETF）在 1981 年 9 月的 RFC 791（Request For Comments）发布的。RFC 是一系列以编号排定的文件，用以收集有关 Internet 相关规定和标准信息。

美国因特网工程任务组是一个公开性质的大型民间国际团体，汇集了与因特网架构和运营相关的网络设计者、运营者、投资人和研究人员。

IPv4 使用 32 位二进制（4 字节）来标识地址，因此，地址空间只有 32 位，地址数量为 2^{32}，约 4 294 967 296 个地址。其中，部分地址为特殊用途所保留，如专用网络（约 1800 万个地址）和多播地址（约 2.7 亿个地址），使得因特网上地址的数量大大减少。随着地址不断被分配给最终用户，IPv4 地址枯竭的问题也随之产生。最终，在 2011 年 2 月 3 日，最后 5 个地址块被分配给 5 个区域 Internet 注册管理机构后，因特网数字分配机构（Internet Assigned Numbers Authority，IANA）的主要地址池已经用尽。

2019 年 11 月 26 日，全球所有 IPv4 地址分配完毕，意味着没有更多的 IPv4 地址可以分配给因特网业务提供商（Internet Service Provider，ISP）和其他大型网络基础设施。同时，由于全部地址中有一大半为美国所有，导致 IP 地址分配严重失衡。

IPv4 面临的第二大问题是路由表膨胀问题。随着网络、路由器数量增加，过度膨胀的路由表增加了查找、存储的开销，成为限制因特网的瓶颈。同时，又因分组头长度不固定，利用硬件实现路径的提取、分析和选择也十分不便，难以提高路由数据吞吐率。

IPv4 面临的第三大问题是缺乏服务质量（Quality of Service，QoS）支持。因特网设计的初衷是用于军事，并未计划对外开放，从而在 QoS 及安全性方面尤为欠缺，难以为实时多媒体、移动 IP 等商业服务提供丰富的 QoS 功能。虽然后来发展的资源预留协议（Resource Reservation Protocol，RSVP）提供 QoS 支持，但规划、构造 IP 网络的成本较高。

1.1.1.2 IPv6

由于 IPv4 的网络地址资源不足，严重制约了因特网的应用和发展。美国因特网工程任务组（IETF）设计了用于替代 IPv4 的下一代 IP 协议 IPv6（Internet Protocol version 6）。IPv6 是因特网协议第 6 版英文的缩写，其地址数量号称可以为全世界的每一粒沙子编上一个地址，然而实际上却没有那么多。2016 年，因特网数字分配机构（IANA）向美国国际因特网工程任务组（IETF）提出建议，要求新制定的国际因特网标准仅支持 IPv6，不再兼容 IPv4。

1996 年，美国因特网工程任务组（IETF）发布 IPv6 的版本为 RFC 1883。由于 IPv4 和 IPv6 设计不兼容，因此，在未来的很长一段时间里，计算机网络将会出现 IPv4 和 IPv6 长期共存的局面。研究表明，IPv6 在解决 IPv4 地址不足问题的同时，也出现了一些新的缺点，限制了其在商业中的应用。目前，IPv6 技术仍处于不断研究与发展阶段。

尽管 IPv6 具有明显优势，但因 IPv4 路由器数量巨大，从 IPv4 过渡到 IPv6 是循序渐进的过程。IPv6 在地址结构的设计思想上存在缺陷，不足之处如下。

（1）结构层次混乱

IPv6 在设计上混淆了网络层次结构，接口 ID 将物理层的地址嵌入逻辑地址层，导致物理地址空间对 IP 地址空间的限制。此外，安全本不属于 IP 层的内容，不应在 IP 层设计安全技术。随着安全技术的发展，安全方法及密钥长度会不断发生变化，使得安全技术的发展最终将导致 IP 地址需重新设计。由于网络层次逻辑关系混乱，IPv6 带来的新问题比解决的问题还多。

（2）含糊的地址空间

在 IPv6 应用较多的单播地址中，从大的原则来看，多采用类似于 IPv4 的"网络 ID+ 主机 ID"结构，且 IPv6 的网络 ID 变成了具有三层更细的结构，也是固定长度的子网前缀，即"顶级聚合 ID+ 次级聚合 ID+ 站点级聚合 ID"。IPv6 是一种拼接编址，其地址空间不是 128 位。

IPv6 地址的主体被称为"可聚合的全网单播地址"，前缀从 001 到 111。这种单播地址采用"子网前缀"+"接口 ID"的基本模式，且"可聚合的全网单播地址"采用子网前缀和接口 ID 各占 64 位的模式进行分配。

IPv6 的地址空间并非人们想象的 128 位地址空间。由于特殊的地址结构设计，导致 IPv6 如果要真正实现 128 位地址空间的话，本身需要经历 3 个有重大差别的版本过渡，其有效地址空间分别为 47 位有效地址空间 IPv06、64 位有效地址空间 IPv16 和 128 位有效地址空间 IPv26。3 个版本的过渡如同要经历 3 次从 IPv4 到 IPv6 的不同协议过渡。

（3）不兼容 IPv4

IP 地址是因特网的基础协议，通过完全、彻底更换的方式解决难度极大。IPv6 最初的设计者未进行深入研究，认为 IPv4 的 32 位地址空间问题不可能通过平滑升级的方式解决，因此，采用另起炉灶的方式进行重新设计。

IPv6 需要整个网络所有节点全都支持新的 IP 协议，且终端操作系统、应用软件也要全部支持升级，这就使解决问题变得异常艰难。此外，IPv6 所有 IP 设备的升级全都涉及硬件升级的问题，设备投入、升级的人力投入极其巨大。

IPv6 无法兼容现有网络 IPv4 原因如下。

键盘上的每个标点的用途早已写进了计算机"字典"，并固化在全球电器的计算组件中（估计约有 2000 亿个），难以更换或升级，等待报废还要 30 ～ 50 年（如汽车、机床、工程机械、海底传感器等）。

IPv6 是以冒号"："为间隔符，实现了网址长度 128 位。冒号具有提示语、比例关系、计算机盘符、时间间隔等多种用途，导致现有网络软硬件及电器设备等，因无法准确识别 IPv6 网址而无法联网。这是 IPv6 不兼容 IPv4 的根本原因，也是近 20 年来人们不接受的根本原因。

IPv6 全面抛弃 IPv4，建立了 IPv6 网络，在投资保护、升级成本、升级收益、公众心理、用户需求、运营意愿、风险防范等方面都带来巨大障碍。

就连兼容能力极强的 Windows 操作系统，在特定场合都要求 IPv6 网址必须将"："写成"–"，其他因特网生态应用就更难兼容。全球实施 IPv6 及"雪人计划"，将影响约 2000 亿个计算组件的兼容和使用。

目前，只有 IP 地址比较紧缺的国家，如中国、日本和韩国对 IPv6 相对比较热衷，美国等发达国家 IPv4 地址非常充裕，近期没有太大压力去升级 IP 地址空间。

1.1.1.3 美国的 IPv9（小写 v）

1992—1995 年，国际标准化组织（ISO）与美国因特网任务工作组共同研究解决 Internet 地址不足的问题，并提出了一种新的构想，用于替代第一代 IPv4 的协议。美国因特网任务工作组在 1992 年 6 月发出的 RFC 1347 号文件中，将这种构想命名为"IPv9"，RFC 1347 是 IPv9 方案的建议书。当时，IPv6 还未提出，IPv9 的研究机构名为 TUBA（TCP & UDP with Bigger

Addresses），其中，BA 代表 "Bigger Address"（更大的地址），因此，大地址是 IPv9 的主要特点之一。

1994 年，美国因特网任务工作组提出了 IPv9 协议的 RFC 1606、RFC 1607 文件，并展望了 21 世纪网络发展，如地址长度由原来的 32 位扩展到 2048 位的长地址、直接路由的假设，以及将原来路由器类的地址寻址方法改为 42 层路由寻址方法。由于缺乏基础理论的研究成果、地址穷尽分层的技术问题、研发成本高及知识产权等因素公开宣告失败。

1995 年 5 月，美国因特网任务工作组单方面放弃与 ISO 合作，解散了研究 IPv9 的机构 TUBA，未能取得任何知识产权与专利成果，并终止了对 IPv9 的研究开发活动，美国的 IPv9 就此夭折。

1.1.1.4 中国的 IPV9（大写 V）

中国学者谢建平在受到美国因特网任务工作组（IETF）的 RFC 1347（IPv9）的启示后，联合国内多所高校和科研机构共同组建了未来网络工作专家团队，以《十进制给上网的计算机分配 IP 地址的方法》专利为基础，经过二十多年的研究开发，完成了新一代网络系统的开发，其理论和实践中体现出新颖性及原创性，先后经历了设想、理论、模型、样机、小规模试用、示范工程实施的阶段。

为了与人们的习惯保持一致，以中国的十进制数字给联网的计算机分配地址的方法借用了 Internet 关于联网计算机 IP 地址的俗称。为区别于原美国的 IPv9，中国的 IPV9 采用大写 V 标记。

2001 年 9 月 11 日，原信息产业部科技司在上海成立"十进制网络标准工作组"，组长由上海通用化工技术研究所所长谢建平担任。

2011 年 12 月 20 日，美国联邦专利与商标局正式发布和授予谢建平等申请的《采用全数字编码为计算机分配地址的方法》（US8082365B1）专利授权，从法律和技术上确认中国拥有 IP 框架下与美国 Internet 现有技术不同的、具有完全自主知识产权的网络核心技术。

2016 年 6 月，工业和信息化部公告批准 IPV9 体系的 4 项标准，分别是：
① 《用于信息处理产品和服务的数字标识格式》（SJ/T 11603—2016）；
② 《基于十进制网络的射频识别标签信息定位、查询与服务发现规范》（SJ/T 11604—2016）；

③《基于射频技术的用于产品和服务域名规范》（SJ/T 11605—2016）；

④《射频识别标签信息查询服务的网络架构技术规范》（SJ/T 11606—2016）。

IPV9 不是 IPv4 和 IPv6 的升级，其地址长度可变，从 16 位到 2048 位不等，默认地址位数 256 位，地址数量为 10^{256}。据测算，其海量地址可以满足人类 750 年各项活动的地址资源需要，且采用最简单的数字域名体系。

1.1.1.5 IPv10

为解决 IPv4 和 IPv6 的不兼容问题，埃及学者 Khaled Omar 开发出了 IPv10，其在 2003—2008 年就读于埃及哈勒旺大学（Helwan University, Cairo, Egypt）电子通信工程专业，他的毕业论文 "Secured wireless LAN with multi-media applications" 获得优秀毕业论文奖励。

2017 年 9 月 13 日，美国因特网工程任务组公布了最新版本 IPv10 草案（Internet Protocol version 10），声称用非常简单、有效的方法，解决了使用 IPv6 协议的主机与使用 IPv4 协议的主机之间相互通信的问题，当主机间直接使用 IP 地址进行通信时，以及当使用 IPv10 协议的主机之间使用主机名进行通信时，无须进行协议转换，并且在通信过程中不需要 DNS 进行地址解析。

IPv10 协议通过在 IP 数据报报头中包含 IPv4 和 IPv6 地址，支持使用 IPv6 协议的主机与使用 IPv4 协议的主机之间进行通信，使用该协议的 IPv10 版本允许 IPv4 主机与 IPv6 主机进行通信，反之亦然。显然，IPv6 与 IPv4 之间存在互不可操作性，充分显示了 IPv6 与 IPv4 的不兼容性。

IPv10 的英文材料内容是：This document specifies version 10 of the Internet Protocol（IPv10），a solution that allows IPv4-only hosts to communicate with IPv6-only hosts and vice versa. 翻译为：本文档指定了 Internet 协议 "IPv10" 第 10 版本，该解决方案允许 IPv4 的主机与 IPv6 的主机进行通信，反之亦然。

截至目前，还没有厂商报道开发出了支持 IPv10 的任何产品。

1.1.2　未来网络的由来

未来网络（Future Network，FN）是一个专业名词，是自 2007 年以来国际标准化组织和国际电工委员会 ISO/IEC（International Standard Organization / International Electrotechnical Commission）推出的一个国际标准化项目，其宗旨

是用空杯设计和全新架构的方法，开发全新的、能够独立于现有因特网之外的网络体系，实现更安全、更经济、更快捷、更灵活、更能满足新时代要求的目标，用 15 年时间研发，在 2020 年前后投入初步商用。

美国因特网元老大卫·克拉克（David Clark）等多位专家，于 2001 年联名发表文章宣布，因特网的 IPv6 技术无法解决老旧的结构性缺陷问题，只能说明采用渐进改良路线的失败，必须坚持"空杯设计（Clean Slate Design）"的原则，不依赖现有网络的支撑，用全新思维设计全新的网络。

2005 年 7 月，美国国家科学基金会（National Science Foundation，NSF）宣布资助全球环境网络创新项目（Global Environment for Networking Investigations，GENI）计划，决定用全新框架的思路研发新一代网络体系，大卫·克拉克等的文章及"空杯设计"主张是其核心的思想理论基础。这一计划没有征求美国因特网任务工作组的意见，也未让其参与，表明新一代网络体系与因特网彻底切割，确定未来网络的英文是 Future Network，缩写为 FN，明确显示未来网络与美国因特网无关联、从属和延续关系。

根据 2008 年 4 月 ISO/IEC 与 ITU-T 召开的未来网络日内瓦会议在 6N13488 中的评论，认为中国提交的十进制技术可以作为未来网络技术的选择对象，认可中国提交的方案。据此，在没有更加符合 ISO/IEC 未来网络规范的前提下，工业和信息化部十进制网络标准工作组自 2010 年以来的所有成果登记皆以未来网络冠名，因此，在目前的情况下，将十进制网络技术称为未来网络并无不妥。

2014 年，中国科学院院士工作局曾经设立咨询研究课题"未来网络体系架构及其安全性"，并完成了 110 页的研究报告，全面论述了未来网络安全架构的技术特征，论证了未来网络的可行性。随后，在经过中国科学院学部委员会论证后，中国科学院院长白春礼于 2015 年 7 月向国务院提交报告，建议设立"十三五"未来网络重大专项，用国家意志来推动未来网络研究。这份报告是中国科学界对未来网络最权威的论述，应成为国内定义未来网络的依据。

从以上材料可以清楚看出，工业和信息化部十进制网络标准工作组自成立以来，以十进制给联网的计算机分配地址的算法专利方法沿用了美国 Internet 给计算机分配 IP 地址的习惯叫法。为区分中国的分配方法与美国的不同，中国采用了大写 V，称为 IPV9。美国的 IPv9（小写 v）没有形成任何知识产权，国际上未获得承认，美方对中国的叫法也从来没有提出过异议。中国的十进制网络标准工作组以国际组织关于未来网络技术标准为基础，进行了一系列研究，成果登记也都以未来网络冠名，完成了 9 个标准中最重要的两个标准的起草，并得到 ISO/IEC 的认可，因此，将十进制网络称为未来网络，是符合国际惯例的。

1.2 未来网络测试环境与内容

网络测试系统是由硬件、软件和具体的测试内容所组成的一体化网络有机系统。支撑它的硬件基础是连接到计算机的各种测试设备、服务器及计算机网络。每个模块内部都封装了对应状态的控制命令集、数据采集命令集、数据处理模型及通信协议等处理子模块。测试的计算机只要接入计算机网络就可以通过浏览器访问网络测试系统。

1.2.1 测试背景与内容

1.2.1.1 测试背景

为解决 IPv4 地址短缺的问题，在中国工程师的不懈努力下，IPV9 的研究取得了关键性的突破。IPV9 是我国拥有全部自主知识产权所有权、支配权和管控权的网络，具有无穷无尽的可分配 IP 地址数量，同时，中国在 2002 年就开始研究数字地址资产，并已经写入以中国为主导的国际标准未来网络的《信息技术 未来网络 问题陈述与要求 第 2 部分：命名与寻址》（ISO/IEC TR 29181-2）标准中。IPV9 的设计目的是避免对现有 IP 协议进行大规模更改，实现未来网络技术能够向下兼容美国的因特网。设计的主要思想是将TCP/IP 的 IP 协议与电路交换相融合，利用兼容两种协议的路由器，通过一系列的协议，使得 3 种协议（IPv4/IPv6/IPV9）的地址能够在因特网中同时使用，逐步替换当前的因特网结构而不对当前的因特网应用产生过大的影响。

中国主导的 IPV9 是一个兼容现有网络的独立网络系统，采用了自主知识产权、以十进制算法（0～9）为基础的网络协议。目前，十进制网络系统主要由 IPV9 地址协议、IPV9 报头协议、IPV9 过渡期协议、数字域名规范等协议和标准构成。

1.2.1.2 测试内容

针对搭建的 IPV9 网络环境，主要对 IPV9 网络进行性能测试，包括测试 IPV9 网络环境的连通性、稳定性、可靠性及安全性。分别测试自主域名体系 IPv4 网络解析功能及自主域名体系 IPV9 网络解析功能，执行相关命令，获得域名解析的全部流程，对自主域名体系有了更加全面的了解。抓取 IPV9 数据包，分析 IPV9 协议中所有类型的报文，了解对 IPv4 的兼容性，并对 IPV9 报文与 IPv4 报文进行比较。在 IPV9 下的业务测试，主要针对外网的 Windows 设备及内网的 Ubunutu Kylinx 设备。在内、外网测试过程中，针对每一个不同的测试用例在各个 IPV9 的关键节点上的设备运用 tshark 相关命令进行抓包并分析。

本次测试主要利用北京汇金宝科技有限公司的汇京融 PC 客户端配置的 IPV9 网络环境进行测试，主要进行 IPV9 网络性能测试，IPV9 网络环境的连通性、稳定性、可靠性及安全性测试等。

1.2.2 测试网络结构

本次的测试对象为北京某公司在杭州机房部署的十进制网络环境，机房的测试网络拓扑结构如图 1.1 所示。

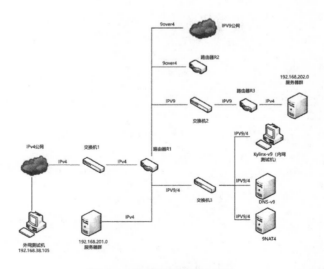

图 1.1 测试网络拓扑结构

图中各设备对应的 IPv4、IPV9 地址及相关信息如表 1.1 所示。

表 1.1　测试网络 IP 地址列表

设备		地址	备注
路由器 R1	enp5s0	183.131.13.35	连接到公网、IPV9 骨干网、路由器 R2
	enp6s0	192.168.201.1 32768[86[5678[4]1	连接到 192.168.201.0/24 网段服务器群、DNSv9 服务器、9NAT4 服务器、kylinx-v9 客户端
	ens2fl	32768[86[1234[4]1	连接到路由器 R3
路由器 R2	enp5s0	183.134.100.31	连接到公网、IPV9 骨干网、路由器 R1
	enp6s0	192.168.203.1	目前还未用到
路由器 R3	enp5s0	192.168.202.1	连接到 192.168.202.0/24 网段服务器群
	ens2f0	32768[86[1234[4]2	连接到路由器 R1
DNSv9	enp4s0	192.168.201.2 32768[86[5678[4]2	提供 chn 等自主域名解析服务
9NAT4	enp5s0	192.168.201.3	提供 IPv4 ~ IPV9 协议转换和地址转换
	enp6s0	32768[86[5678[4]3	
kylinx-v9	enp5s0	192.168.201.10 32768[86[5678[4]10	支持 IPV9 协议的 ubuntu 桌面操作系统

1.2.3　测试环境配置

按客户端所处的网络环境共分为两种环境，本次测试分别针对以下两种环境，对 IPV9 网络的应用实际进行了测试。

测试机位于北京公网：测试机为 Windows 系统，对于外网中测试机的相关配置，修改其 DNS 配置，修改为 202.170.218.72。

测试机位于杭州内网：测试机为 Ubuntu Kylinx 系统，对于内网中的测试机，修改了其 DHCP 设置，如图 1.2 所示，并对 IPv4 及 IPV9 的路由进行了相应的设置，分别如图 1.3、图 1.4 所示。

```
enp5s0    Link encap:Ethernet  Hwaddr  9C:5C:8E:51:42:6B
          inet addr:192.168.201.10  Bcast:192.168.201.255  Mask:255.255.255.0
          inet9 addr: 32768[86[5678[4]10/224  Scope:Global
          inet9 addr: 4269801472[5]2254415708[991241655]/64  Scope:Link
          UP BROADCAST RUNNING MULTICAST  MTU:1500  Metric:1
          RX packets:325235  errors:0  dropped:0  overruns:0  frame:0
          TX packets:393923  errors:0  dropped:0  overruns:0  carrier:0
          collisions:0  txqueuelen:1000
          RX bytes:96849427 (92.3 Mb)      TX bytes:285741545 (272.5 Mb)
          Memory:fa200000-fa27ffff
```

图 1.2　内网测试机 DHCP 配置

```
ty@UbuntuKylin-v9:~$ route -n
内核 IP 路由表
```

目标	网关	子网掩码	标志	跃点	引用	使用	接口
0.0.0.0	192.168.201.254	0.0.0.0	UG	100	0	0	enp5s0
160.254.0.0	0.0.0.0	255.255.0.0	U	1000	0	0	enp5s0
192.168.15.0	192.168.201.1	255.255.255.0	UG	0	0	0	enp5s0
192.168.16.0	192.168.201.1	255.255.255.0	UG	0	0	0	enp5s0
192.168.22.0	192.168.201.1	255.255.255.0	UG	0	0	0	enp5s0
192.168.201.0	0.0.0.0	255.255.255.0	U	0	0	0	enp5s0
192.168.201.0	0.0.0.0	255.255.255.0	U	100	0	0	enp5s0
192.168.202.0	192.168.201.1	255.255.255.0	UG	0	0	0	enp5s0

```
ty@UbuntuKylin-v9:~$
```

图 1.3　内网测试机 IPv4 配置

```
ty@UbuntuKylin-v9:~$ route9 -A Lnet9
Kernal IPv9 routing table
```

Dootination	Root Hop	Flags	Netric	Roc	Use	Ifa
ce						
[7]1/256	[8]	U	0	90	1	lo
32768[86[5678[4]1/256 p5o0	[8]	UC	0	6	1	on
327689[86[5678[4]10/256 o	[8]	U	0	5118	2	l
32760[86[5678]/224 p5s0	[8]	U	256	2	1	on
4269801472[5]2254415708[991241655/256 O	[8]	U	0	1626	1	l
4269801472[/64 p5o0	[8]	U	256	0	0	on
4278190080[/8 p5o0	[8]	U	256	0	0	on
[8]/0 p5o0	32768[86[5678[4]1	UG	100	0	0	on

```
ty@UbuntuKylin-v9 :~$
```

图 1.4　内网测试机 IPV9 配置

1.3 汇京融测试平台

汇京融平台为本次测试的平台，现介绍汇京融客户端相关的运行环境。

1.3.1 分布式环境安装

汇京融采用分布式环境管理，对分布式系统中的公共文件、缓存及任务调度进行管理。平台部署有分布式缓存 Redis 及分布式文件系统。系统拥有多种通用的物理和逻辑资源，可以动态分配任务，分散的物理和逻辑资源通过计算机网络实现信息交换。包括分布式操作系统、分布式程序设计语言及其编译（解释）系统、分布式文件系统和分布式数据库系统等。

1.3.1.1 系统硬件、软件

硬件：4*CPU/2GHz+/8GB RAM/500GB 硬盘 /2*Gbps NIC，30 台机器配置相同；操作系统：CentOS 6.5 及以上；软件：zookeeper–3.4.10.tar.gz 。

1.3.1.2 分布式系统应用场景

分布式系统文件管理菜单通过"分布式环境管理 –> 分布式系统文件管理"进入，该菜单用于对分布式文件系统中的公共文件的展示，以及条件查询、文件新增、文件删除。

分布式公共文件的列表界面如图 1.5 所示。

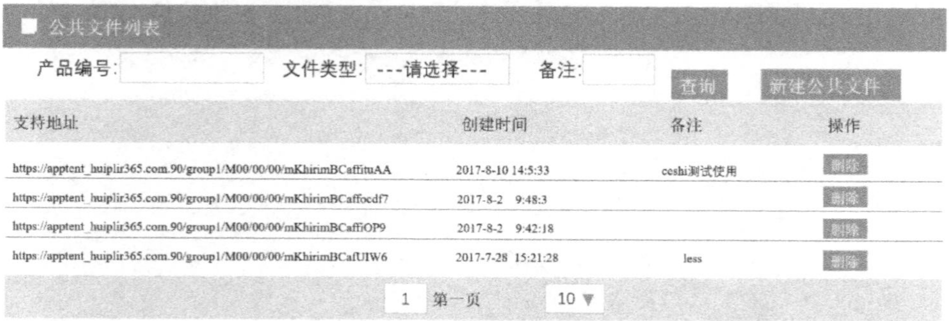

支持地址	创建时间	备注	操作
https://apptent_huiplir365.com.90/group1/M00/00/00/mKhirimBCaffituAA	2017-8-10 14:5:33	ceshi测试使用	删除
https://apptent_huiplir365.com.90/group1/M00/00/00/mKhirimBCaffocdf7	2017-8-2　9:48:3		删除
https://apptent_huiplir365.com.90/group1/M00/00/00/mKhirimBCaffiOP9	2017-8-2　9:42:18		删除
https://apptent_huiplir365.com.90/group1/M00/00/00/mKhirimBCafUIW6	2017-7-28 15:21:28	less	删除

产品编号：　文件类型：---请选择---　备注：　查询　新建公共文件

1　第一页　10 ▼

图 1.5　分布式公共文件列表

1.3.1.3 系统结构

支付平台的网络架构采用"多层异构防火墙"的部署方式，基于业务功能的考虑，通过防火墙作为边界防护设备将服务器区域划分为多个安全域。制定安全策略与访问规则，保障业务数据在各个通信设备间传输存储时的机密性、完整性和可用性。生产环境中的所有核心汇聚设备均实行双机热备份、带宽及设备性能空间冗余。外联区域提供电信、联通多 ISP 链路冗余，主机房到备机房的通信由电信和联通各 2M 专线进行连接。

在因特网接入区域，部署负载均衡设备 Citrix，保证当前访问 Web 链路的最优性与可达性。通过防火墙开启 DDOS 防御功能，以防御拒绝服务攻击。在网络核心区域部署 IDS 入侵监测系统，对网络中存在的异常数据流量进行有效的监控和检测。

1.3.2 安全技术

1.3.2.1 XSS 攻击防护

XSS 漏洞攻击是一种十分常见且危害巨大的 Web 漏洞，原因是程序动态显示了用户提交的内容，而未对显示的内容进行验证限制。因此，让攻击者可以将内容设计为攻击脚本，并引诱受害者将此攻击脚本作为内容显示。实际上，攻击脚本在受害者打开时就开始执行，并以此盗用受害者信息。XSS 攻击拦截是指对黑客的恶意脚本进行有效防范。

为了防护 XSS 的攻击，需要对外部用户提交的所有 XSS 注入风险的请求进行强制检查和过滤，要求所有具有 XSS 攻击嫌疑的数据在进入到核心业务 Controller 层前，必须进行拦截、清洗，或对请求进行拒绝。

本系统环境中使用自定义的 XSS 攻击防范过滤器，对所有用户的请求参数进行逐一检查，筛选出具有 XSS 攻击可能的数据并进行强制替换和过滤。各业务系统直接在项目中配置 xssFilter 过滤器即可自动拦截攻击请求，无须逐一进行开发。

1.3.2.2 SQL 注入攻击防护

SQL 注入作为一种传统且十分普遍有效的攻击手段，被黑客广泛应用。应对方法是在操纵数据库前对 SQL 和参数进行严格的验证，将所有具有注入风险的 SQL 拦截在执行前。

为了防护 SQL 注入攻击，需要对外部系统的所有 SQL 注入风险的请求进行强制检查和过滤，要求所有具有攻击嫌疑的数据在提交数据库之前必须拦截在业务层。

在本系统环境中使用阿里巴巴的 Durid 数据源进行数据库安全操作，通过打开 SQL 注入防火墙的方式激活 SQL 注入攻击拦截功能。

1.3.2.3 CSRF 攻击防护

CSRF 漏洞攻击可以在受害者毫不知情的情况下，以受害者名义伪造请求发送给受攻击站点，从而在并未授权的情况下执行在权限保护之下的操作。在金融应用中可能对用户的资金状况带来灾难性后果。

CSRF 攻击的主要原理是伪造请求模拟用户操作进行请求，欺骗服务器对用户账号进行操作，为用户带来潜在损失。

在本系统环境中对用户账户的个人信息、资产信息、敏感信息、隐私信息进行多步验证，提供交易密码、短信验证码等方案进行进一步校验。防止因黑客伪造超链接操作为用户带来损失，对重要操作验证用户请求的来源，要求必须来自系统主域名的请求才会被许可。对来自其他可能的钓鱼网站、邮件短信超链接等操作进行拒绝，阻断潜在的 CSRF 攻击风险。

1.3.2.4 数据窃听盗取防护

数据窃听盗取是指黑客通过不安全的 Wi-Fi 热点等网络环境来监听用户请求，盗取用户个人信息，给用户带来损失的行为。此处要求系统提供防止黑客窃听数据传输的功能。

系统使用 HTTPS 证书来完成链路数据加密的功能，防止数据被窃听。

在本系统环境中，在主域名中安装由国际顶尖证书服务商提供的 HTTPS 证书。用户请求网站时强制跳转证书加密协议，由用户浏览器和服务器自动生成加密信道进行数据传输，黑客无法窃取加密信道中的任何数据。同时，将敏感信息在数据库中使用密文存储，防止因数据库泄露为用户带来损失。

1.4 测试内容

1.4.1 IPV9 功能测试— DNSv9 测试

分别测试自主域名体系 IPv4 网络解析功能及自主域名体系 IPV9 网络解析功能，执行相关命令，获得域名解析的全部流程，使得对自主域名体系有更加全面的了解。该部分的测试用例如下。

测试用例一：IPv4 N 根域名服务器测试；

测试用例二：CHN 域名的 IPv4 域名解析测试；

测试用例三：IPv4 数字域名体系的支持测试；

测试用例四：当前域名体系的支持测试；

测试用例五：IPV9 N 根域名服务器测试；

测试用例六：CHN 域名的 IPV9 域名解析测试；

测试用例七：IPv4 数字域名体系的支持测试。

对于以上 7 个测试用例，均在内网 Kylinx 设备上进行，在命令行输入相关命令后，获得结果截图后分析。

1.4.2 IPV9 协议报文分析

抓取 IPV9 数据包，分析 IPV9 协议中所有类型的报文，并对 IPV9 报文与 IPv4 报文进行比较。该部分的测试用例如下。

测试用例一：IPV9 TCP9 报文分析；

测试用例二：IPV9 UDP9 报文分析；

测试用例三：IPV9 ICMP9 报文分析；

测试用例四：9 over 4 报文分析。

IPV9 协议报文的分析基于 Wireshark，利用 Wireshark 对报文进行简单解析，对抓取的各类报文进行详细分析。

1.4.3 IPV9 下业务数据报文分析

在 IPV9 下的业务测试环境分为两种，即外网的 Windows 设备和内网的 Ubunutu Kylinx 设备。在内外网测试过程中，针对每一个不同的测试用例在各个 IPV9 的关键节点上的设备，运用 tshark 相关命令进行抓包并分析。该部分的测试用例如下。

测试用例一：外网打开客户端；

测试用例二：外网新用户注册；

测试用例三：外网实名认证；

测试用例四：外网实名认证——绑定银行卡；

测试用例五：外网基金开户；

测试用例六：外网基金购买；

测试用例七：内网打开客户端；

测试用例八：内网新用户注册；

测试用例九：内网实名认证；

测试用例十：内网绑定银行卡；

测试用例十一：内网基金开户；

测试用例十二：内网基金购买。

在内外网中的客户端均通过浏览器输入域名打开，在外网测试环境中使用 CHN 域名的 IPv4 域名 www.v9test01.chn，在内网测试环境中使用 CHN 域名的 IPV9 域名 www.hjbv9.chn。对于以上所有的测试用例，基于位于外网的客户端测试，主要对客户端主机及路由器 R1 的所有网卡进行了抓包操作；基于位于内网的客户端测试，除了对路由器 R1 的所有网卡进行了抓包操作，还对设备 DNS-V9、9NAT4、Kylinx-v9 及路由器 R3 进行了抓包操作。

1.5　测试结论

经过详细的测试和分析，对中国主权 IPV9 网络作出以下结论。

（1）超大地址空间

IPV9 可认为是一种解决 IPv4 地址空间有限的新的地址协议，其功能较 IPv6 不仅增加了地址加密安全机制和兼容 IPv4 的功能，还增加了地理区域溯源和管理的功能。IPV9 的默认地址空间由 32 个字节表示，地址数量有 2^{256} 个，远远超过 IPv4（2^{32} 个地址）和 IPv6（2^{128} 个地址）的地址空间。

（2）完全自主知识产权

IPV9 提供了网络层和传输层对应的协议，如 ICMPv9、IPV9、TCP9、UDP9、IPV9 over 4 等。IPv4 客户端可直接通过 IPV9 域名服务器解析 IPV9 域名到 IPv4 地址、IPV9 域名到 IPV9 地址、IPV9 地址到 IPv4 地址的解析和反向解析。

（3）可独立运行并兼容现有网络

IPV9 可单独运行于 IPV9 网络环境中，也可通过 IPV9 over 4 协议运行在 IPv4 网络环境中，使得配置有 IPV9 的网络环境中的设备能够在 IPv4、IPV9 两个环境中相互转换且兼容使用。

通过配置 IPV9 域名服务器，IPv4 客户端可通过 IPV9 域名或 IPV9 地址，访问现有的 IPv4 网络业务系统。

在 IPV9 网络环境中，可通过 IPV9 转 4 的网络设备（9 NAT 4)，将 IPV9 协议转为 IPv4 协议，访问 IPv4 业务系统。

（4）地址、数据帧双加密，安全性更高

TCP9 报文对报文中数据 IPV9 地址进行了加密，使得每次数据包的传输报文中显示的 IPV9 地址不同，保证了 IPV9 环境的安全性。同时，在 9 over 4 链路的报文中对数据采用了加密处理，使得数据的传输更加安全可靠。

（5）通用性

参与测试的应用软件各系统可运行在 IPv4 及 IPV9 网络环境或 IPv4 与 IPV9 兼容网络环境；各系统可配置 IPV9 域名，IPv4 客户端可通过配置 IPV9 专用 DNS 服务器直接访问 IPV9 域名，实现访问各个系统；各系统的原 IPv4 应用软件可运行在 IPV9 网络中；IPv4 客户端可使用通过映射规则把 IPv4 数据包转换成 IPV9 包，实现 IPv4 数据报文在 IPV9 网络传输，从而对各系统进行访问。各系统实际运行的是兼容 IPv4 的 IPV9 协议，IPV9 客户端可使用 IPV9 协议通过 9 over 4 实现 IPV9 数据报文对当前 IPv4 网络传输，从而对各系统进行访问。

第2章 未来网络根服务器测试

为解决 IPv4 地址短缺的问题，经过中国学者的不懈努力，终于取得了关键性的突破，完成了拥有全部自主知识产权的 IPV9 网络，也称为未来网络。未来网络具有巨大的可分配 IP 地址数量、完善的整套网络服务器系统，使得中国成为继美国之后第二个拥有根域名服务器和 IP 地址申请管理的国家。网络的 13 个根域名服务器全部部署在中国，编号 N ～ Z，十进制网络根服务器系统结构如图 2.1 所示。

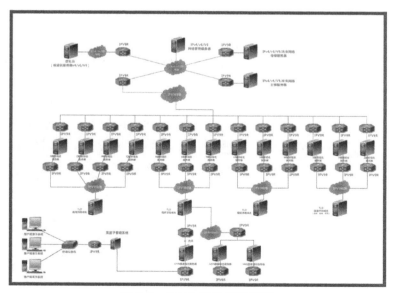

图 2.1　IPV9 根服务器系统

自 2001 年以来，工业和信息化部十进制网络标准工作组开发了基于未来网络的 IPV9 整套系统，到 2015 年开发完成了从 N ～ Z 的 13 个根域名服务器，经过 2 年多的内部试运行，2018 年 4 月于上海市徐汇区公证处进行了根服务器系统测试，公证测试介绍如下。

本次公证测试方案包括：以 N ～ Z 的 13 个英文字符命名根域名服务器；IPv4/IPV9 过渡期的根域名服务器；十进制网络（工业和信息化部命名）基础干线网络系统；十进制网络 IPV9 专网系统；CHN 国家域名、数字域名等解析系统；IPv4 反向解析系统、IPV9 反向解析系统；域名注册管理系统等各个子系统的功能。

（1）测试网络拓扑结构

本次测试采用的网络拓扑图如图 2.2 所示。

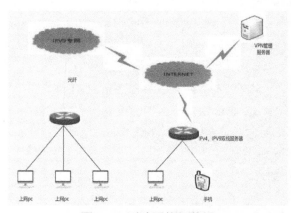

图 2.2　测试网络拓扑图

（2）测试设备（软件、硬件）

本测试所有设备如下。

国产办公桌面型电脑 3 套：客户端使用开源 Linux 操作系统 Ubuntu Kylin16.04（含有 IPV9 网络协议栈），或者 Windows 操作系统；

投影机 1 台（带投影幕）；

国产高清监控摄像头 3 台（1 台对桌面型电脑屏、1 台 360° 全景摄像头全屋、1 台对操作人员）；

国产高清监控摄像管控设备（录像内容保存时间五年以上）；

国产高清电视屏幕 2 台；

千兆 IPV9 路由器 2 台；

千兆支持 VLAN，支持端口镜像 2 层交换机 1 台；

标准机柜 1 个；

华为手机 2 台；

测试软件：Wireshark（支持 IPV9 协议解析）。

（3）IPV9 主要运营网络

① IPV9 专门网络。目前，32 位地址（IPv4）客户端经由 IPV9/IPv4 双协议路由器，地址加长至 256 位，通过光纤连接 IPV9 骨干网，组成 IPV9 专门网络。

②过渡期网络。通过兼容 IPv4 地址的 IPV9/IPv4 双协议路由器，地址加长至 256 位，客户端通过 IPv4 骨干网建立的 VPN 隧道，与专网 IPV9 进行连接通信，组成 IPv4/IPV9 相互兼容过渡期网络。

③ IPV9 网络，采用 256 位地址空间的网络。

（4）公证内容

① IPV9 以 N～Z 的 13 个英文字母命名的 IPV9 未来网络根域名服务器。

② IPv4 以 A～M 的 13 个英文字母命名的当前因特网根域名服务器（比对 IPV9 对 IPv4 的 32 位地址域名解析）。

③ IPV9 以 CHN 命名的中国国家字符域名。

④ 自主域名解析系统。

⑤ 域名管理过程。

2.1　IPv4/IPV9 兼容系统测试用例

客户端使用开源 Linux 操作系统 Ubuntu Kylin16.04（含有 IPV9 网络协议栈），或 Windows 操作系统，IPv4 和 IPV9 的地址通过操作系统的 DHCP 自动配置，IPV9 定制的 V9 Ubuntu Kylin16.04 自带远程 IPv4 的 ssh 登录软件和 IPV9 的 ssh9 登录软件，Windows 系统只有使用 IPv4 的 Putty 远程 ssh 登录软件。网络传输信息抓包软件为 Wireshark（含有 IPV9 网络协议栈），网线接入机架交换机。

2.1.1　客户端、服务器配置

IPV9 网络系统有 13 个根服务器。为了保持与现有网络的兼容，每个根服务器都配有 IPv4 和 IPV9 双地址，地址列表如表 2.1 所示。

表 2.1　根服务器地址

根服务器	自治域号	标识	类型	IPv4 地址	类型	IPV9 根服务器地址
n.root-servers.chn.	73132	IN	A	192.168.16.132	AAAAAAAA	32768[86[10[2[3]2
o.root-servers.chn.	52772	IN	A	192.168.15.33	AAAAAAAA	32768[86[21[1[3]2
p.root-servers.chn.	52772	IN	A	192.168.15.34	AAAAAAAA	32768[86[21[2[3]2
q.root-servers.chn.	52772	IN	A	192.168.16.133	AAAAAAAA	32768[86[10[3[3]2
r.root-servers.chn.	52772	IN	A	172.16.2.2	AAAAAAAA	60000001[86[1[1002[3]2
s.root-servers.chn.	52736	IN	A	192.168.22.2	AAAAAAAA	3000000001[86[10[51651200[3]2
t.root-servers.chn.	73136	IN	A	172.16.1.2	AAAAAAAA	60000001[86[1[1001[3]2
u.root-servers.chn.	73132	IN	A	172.16.0.2	AAAAAAAA	60000001[86[1[1000[3]2
v.root-servers.chn.	52736	IN	A	192.168.22.3	AAAAAAAA	3000000001[86[10[51651200[3]3
w.root-servers.chn.	73132	IN	A	192.168.22.35	AAAAAAAA	32768[86[21[3[3]2
x.root-servers.chn.	52736	IN	A	192.168.22.5	AAAAAAAA	3000000001[86[10[51651200[3]4
y.root-servers.chn.	73132	IN	A	192.168.15.36	AAAAAAAA	32768[86[21[5[3]2
z.root-servers.chn.	52736	IN	A	192.168.22.4	AAAAAAAA	32768[86[10[17[3]2

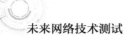

可以通过下面的命令进行查询：

IPv4:dig A y.root-servers, chn +noedns +nodnssec

IPV9:dig9 AAAAAAAA y.root-servers.chn +noedns +nodnssec

2.1.2　本文术语解释

IPV9：IPv9 原是美国因特网管理机构（IANA，分配和维护在因特网技术标准的民间组织）所承认并正式颁布的 IP 版本号码，后因开发成本太高及技术难度太大被迫在 1994 年公开放弃，并在 1997 年解散了 IPv9 工作组。中国主导的中国版本的 IPV9 是重起炉灶，采用自主知识产权、以十进制算法（0～9）为基础的 IPV9 协议。

十进制网络：十进制网络（又称 IPV9）是采用全新框架设计的，以全新的命名与寻址技术、新的网络架构、新的路由和交换技术、新的安全机制等要素构成的网络平台。2001 年 10 月，原信息产业部在上海宣布成立了"十进制网络标准工作组"，由上海通用化工研究所负责全国十进制网络标准制订和推广应用。

未来网络：未来网络（Future Network），由国际标准化组织（ISO）和国际电工委员会（IEC）负责未来网络国际标准制定，2014 年以 IPV9 十进制网络为核心技术的 ISO/IEC TR 29181-2 协议和 ISO/IEC TR 29181-5 被 ISO/IEC 确定成为新的国际标准。中国、美国、俄罗斯、加拿大等国家成员体投了赞成票。

Ubuntu Kylin（优麒麟）：是基于 Ubuntu 的开源 Linux 操作系统，目标是创建更适合中文用户的 Linux 发行版，是 Canonical 公司与我国工业和信息化部 CCN 开源创新联合实验室开发。V9 Ubuntu Kylin16.04 是带有 IPV9 协议栈的 Linux 操作系统。

DHCP：Dynamic Host Configuration Protocol，动态主机配置协议，是一个局域网的网络协议，给内部网络或网络服务供应商自动分配 IP 地址，主要作用是集中管理、分配 IP 地址，使网络环境中的客户端主机动态获得 IP 地址、网关地址、DNS 服务器地址等信息。具有 IPV9 协议栈的 DHCP 实现给网络环境中的客户端主机自动分配 IPv4 和 IPV9 地址。

IPv4 根域名服务器：根服务器主要用来管理因特网的主目录，全世界只有 13 台（这 13 台根域名服务器名字分别为 A～M），1 个为主根服务器在美国，其余 12 个均为辅根服务器，其中美国 9 个；欧洲 2 个，分别位于英国和瑞典；亚洲 1 个，位于日本。IPv4 根域名服务器是架构因特网所必需的基础设施。

IPV9 根域名服务器：IPV9 根域名服务器是管理十进制网络的主目录，经中国上海版权局登记的 13 台未来网络 /IPV9 根域名服务器名字分别为 N ～ Z。中国上海版权局登记的国家和地区的指定符（如中国的 .chn、美国的 .usa、俄罗斯的 .rus、中国香港的 .hkg 等）三个英文字母后缀。IPV9 根域名服务器是架构十进制网络所必需的基础设施。

域名信息查询 nslookup（name server lookup）：是一个用于查询 Internet 域名信息或诊断 DNS 服务器问题的工具，可以查询到 DNS 记录的生存时间，还可以指定使用哪个 DNS 服务器进行解释，在已安装 TCP/IP 协议的计算机上面均可以使用该命令。主要用来诊断域名系统（DNS）基础结构信息。nslookup9 是兼容 IPv4 和 IPV9 的域名信息或诊断 DNS 服务器问题的工具。

域名服务器记录 NS：nslookup 语法为 q=ns，目标域名指定的 DNS 服务器 IP 或域名。

域信息搜索器 dig：与 nslookup 的功能相同，是 Linux 操作系统中的命令，用于查询 Internet 域名信息或诊断 DNS 根服务器问题的工具。dig9 是兼容 IPv4 和 IPV9 的域名信息或诊断 DNS 服务器问题的工具。

+trace 参数：使用该参数之后将显示从根域逐级查询的过程。

+noedns 参数：清除记忆的 EDNS 缓存（edns 协议连同 A 记录、CNAME 一块返回，并进行缓存）。

+nodnssec 参数：请求通过在查询的附加部分中设置 OPT 记录中的 DNS 安全扩展来发送 DNSSEC 记录。

Link：在计算机网络中，链路本地地址是仅对网段（链路）内的通信或主机所连接的广播域有效的网络地址。

解析类型：A9 表示 IPV9 域名解析记录类型，IPV9 类型为 AAAAAAAA，该记录是将域名解析到一个指定的 IPV9 的 IP 上；A 记录（A record）则是 IPv4 域名解析记录类型；AAAA 记录代表 IPv6 解析记录类型。

2.2　IPv4/IPV9 过渡网络中 N ～ Z 命名的 13 个根服务器

现在对 IPv4/IPV9 过渡网络中 N ～ Z 命名的 13 个 IPv4 根服务器进行测试。

测试环境：IPv4/IPV9 过渡期网络中，PC 客户端仅分配有 IPv4 地址网络环境，操作系统分别是 V9 Ubuntu Kylin 16.04 系统和 Windows 系统。

2.2.1　N 根服务器测试

首先测试 IPv4/IPV9 过渡网络中以 N 命名的 IPv4 根服务器信息，测试参数如表 2.2 所示。

表 2.2　IPv4 系统 N 根服务器测试参数

测试项目	测试内容	测试方法	结果验证方法
IPv4 的 N 根域名 (.) 的解析	通过 N 根域名服务器测试根域名 NS 记录的解析	使用 nslookup 进行测试查询 IPv4 的 N 根域名服务器的 NS 记录。输入下列命令： [输入]server n.root−servers.chn [输入]set q=ns [输入].	IPv4/IPV9 过渡期网络中以 N 根域名服务器解析后显示 N ～ Z 根域名服务器的 NS 记录

测试结果如图 2.3、图 2.4 所示。

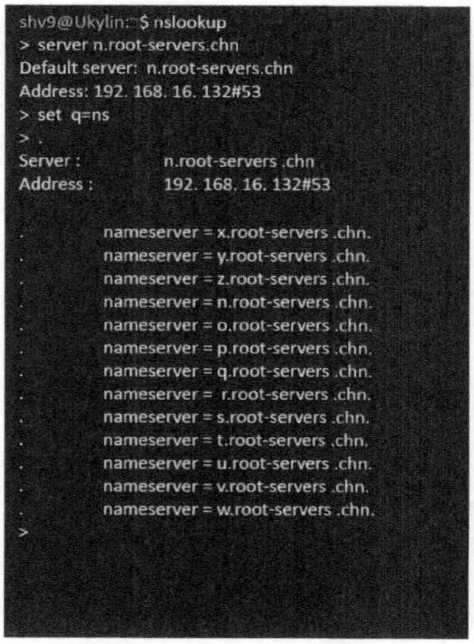

图 2.3　Ubuntu Kylin 16.04 系统中 N 根查询信息

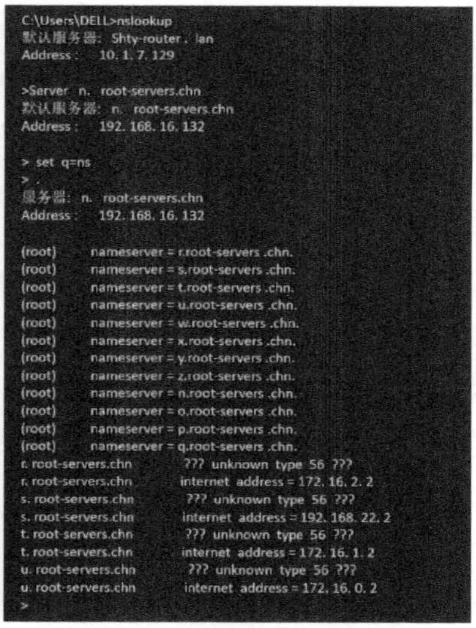

图 2.4　Windows 系统中 N 根查询信息

2.2.2　O 根服务器测试

本例测试 IPv4/IPV9 过渡网络中以 O 命名的 IPv4 根服务器信息，测试参数如表 2.3 所示。

表 2.3　IPv4 系统 O 根服务器测试参数

测试项目	测试内容	测试方法	结果验证方法
IPv4 的 O 根域名 (.) 的解析	通过 O 根域名服务器测试根域名 NS 记录的解析	使用 nslookup 进行测试查询 IPv4 的 O 根域名服务器的 NS 记录。输入下列命令： [输入]server o.root−servers.chn [输入]set q=ns [输入].	IPv4/IPV9 过渡期网络中以 O 根域名服务器解析后显示 N ～ Z 根域名服务器的 NS 记录

测试结果如图 2.5、图 2.6 所示。

图 2.5　Ubuntu Kylin 16.04 系统中
O 根查询信息

图 2.6　Windows 系统中 O 根查询
信息

2.2.3　P 根服务器测试

本例测试 IPv4/IPV9 过渡网络中以 P 命名的 IPv4 根服务器信息，测试参数如表 2.4 所示。

表 2.4　IPv4 系统 P 根服务器测试参数

测试项目	测试内容	测试方法	结果验证方法
IPv4 的 P 根域名 (.) 的解析	通过 P 根域名服务器测试根域名 NS 记录的解析	使用 nslookup 进行测试查询 IPv4 的 P 根域名服务器的 NS 记录。输入下列命令： [输入]server p.root-servers.chn [输入]set q=ns [输入].	IPv4/IPV9 过渡期网络中以 P 根域名服务器解析后显示 N ～ Z 根域名服务器的 NS 记录

测试结果如图 2.7、图 2.8 所示。

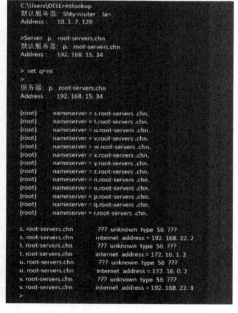

图 2.7　Ubuntu Kylin 16.04 系统中　　图 2.8　Windows 系统中 P 根查询
　　　　　　P 根查询

2.2.4 Q 根服务器测试

本例测试 IPv4/IPV9 过渡网络中以 Q 命名的 IPv4 根服务器信息，测试参数如表 2.5 所示。

表 2.5　IPv4 系统 Q 根服务器测试参数

测试项目	测试内容	测试方法	结果验证方法
IPv4 的 Q 根域名 (.) 的解析	通过 Q 根域名服务器测试根域名 NS 记录的解析	使用 nslookup 进行测试查询 IPv4 的 Q 根域名服务器的 NS 记录。输入下列命令： [输入]server q.root-servers.chn [输入]set q=ns [输入].	IPv4/IPV9 过渡期网络中以 Q 根域名服务器解析后显示 N～Z 根域名服务器的 NS 记录

测试结果如图 2.9、图 2.10 所示。

图 2.9　Ubuntu Kylin 16.04 系统中 Q 根　图 2.10　Windows 系统中 Q 根查询信息
　　　　查询信息

2.2.5 R 根服务器测试

本例测试 IPv4/IPV9 过渡网络中以 R 命名的 IPv4 根服务器信息，测试参数如表 2.6 所示。

表 2.6 IPv4 系统 R 根服务器测试参数

测试项目	测试内容	测试方法	结果验证方法
IPv4 的 R 根域名 (.) 的解析	通过 R 根域名服务器测试根域名 NS 记录的解析	使用 nslookup 进行测试查询 IPv4 的 R 根域名服务器的 NS 记录。输入下列命令： [输入]server r.root−servers.chn [输入]set q=ns [输入].	IPv4/IPV9 过渡期网络中以 R 根域名服务器解析后显示 N ～ Z 根域名服务器的 NS 记录

测试结果如图 2.11、图 2.12 所示。

图 2.11 Ubuntu Kylin 16.04 系统 R 根查询信息

图 2.12 Windows 系统中 R 根查询信息

2.2.6　S 根服务器测试

本例测试 IPv4/IPV9 过渡网络中以 S 命名的 IPv4 根服务器信息，测试参数如表 2.7 所示。

表 2.7　IPv4 系统 S 根服务器测试参数

测试项目	测试内容	测试方法	结果验证方法
IPv4 的 S 根域名 (.) 的解析	通过 S 根域名服务器测试根域名 NS 记录的解析	使用 nslookup 进行测试查询 IPv4 的 S 根域名服务器的 NS 记录。输入下列命令： [输入]server s.root−servers.chn [输入]set q=ns [输入].	IPv4/IPV9 过渡期网络中以 S 根域名服务器解析后显示 N ～ Z 根域名服务器的 NS 记录

测试结果如图 2.13、图 2.14 所示。

图 2.13　Ubuntu Kylin 16.04 系统中
S 根查询信息

图 2.14　Windows 系统中 S 根查询
信息

2.2.7　T 根服务器测试

本例测试 IPv4/IPV9 过渡网络中以 T 命名的 IPv4 根服务器信息，测试参数如表 2.8 所示。

表 2.8　IPv4 系统 T 根服务器测试参数

测试项目	测试内容	测试方法	结果验证方法
IPv4 的 T 根域名 (.) 的解析	通过 T 根域名服务器测试根域名 NS 记录的解析	使用 nslookup 进行测试查询 IPv4 的 T 根域名服务器的 NS 记录。输入下列命令： [输入]server t.root-servers.chn [输入]set q=ns [输入].	IPv4/IPV9 过渡期网络中以 T 根域名服务器解析后显示 N～Z 根域名服务器的 NS 记录

测试结果如图 2.15、图 2.16 所示。

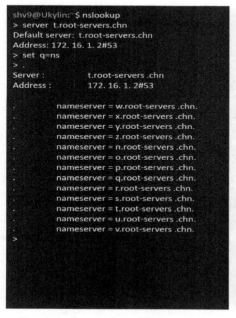

图 2.15　Ubuntu Kylin 16.04 系统 T 根查询信息　　图 2.16　Windows 系统中 T 根查询信息

2.2.8　U 根服务器测试

本例测试 IPv4/IPV9 过渡网络中以 U 命名的 IPv4 根服务器信息，测试参数如表 2.9 所示。

表 2.9　IPv4 系统 U 根服务器测试参数

测试项目	测试内容	测试方法	结果验证方法
IPv4 的 U 根域名 (.) 的解析	通过 U 根域名服务器测试根域名 NS 记录的解析	使用 nslookup 进行测试查询 IPv4 的 U 根域名服务器的 NS 记录。输入下列命令： [输入]server u .root-servers.chn [输入]set q=ns [输入].	IPv4/IPV9 过渡期网络中以 U 根域名服务器解析后显示 N ～ Z 根域名服务器的 NS 记录

测试结果如图 2.17、图 2.18 所示。

图 2.17　Ubuntu Kylin 16.04 系统中　图 2.18　Windows 系统中 U 根查询
　　　　U 根查询信息　　　　　　　　　　　信息

2.2.9　V 根服务器测试

本例测试 IPv4/IPV9 过渡网络中以 V 命名的 IPv4 根服务器信息，测试参数如表 2.10 所示。

表 2.10　IPv4 系统 V 根服务器测试参数

测试项目	测试内容	测试方法	结果验证方法
IPv4 的 V 根域名 (.) 的解析	通过 V 根域名服务器测试根域名 NS 记录的解析	使用 nslookup 进行测试查询 IPv4 的 V 根域名服务器的 NS 记录。输入下列命令： [输入]server v.root-servers.chn [输入]set q=ns [输入].	IPv4/IPV9 过渡期网络中以 V 根域名服务器解析后显示 N ～ Z 根域名服务器的 NS 记录

测试结果如图 2.19、图 2.20 所示。

图 2.19　Ubuntu Kylin 16.04 系统中　　图 2.20　Windows 系统中 V 根查询信息
　　　　　 V 根查询信息

2.2.10　W 根服务器测试

本例测试 IPv4/IPV9 过渡网络中以 W 命名的 IPv4 根服务器信息，测试参数如表 2.11 所示。

表 2.11　IPv4 系统 W 根服务器测试参数

测试项目	测试内容	测试方法	结果验证方法
IPv4 的 W 根域名 (.) 的解析	通过 W 根域名服务器测试根域名 NS 记录的解析	使用 nslookup 进行测试查询 IPv4 的 W 根域名服务器的 NS 记录。输入下列命令： [输入]server w.root-servers.chn [输入]set q=ns [输入].	IPv4/IPV9 过渡期网络中以 W 根域名服务器解析后显示 N～Z 根域名服务器的 NS 记录

测试结果如图 2.21、图 2.22 所示。

图 2.21　Ubuntu Kylin 16.04 系统中
W 根查询信息

图 2.22　Windows 系统中 W 根
查询信息

2.2.11　X 根服务器测试

本例测试 IPv4/IPV9 过渡网络中以 X 命名的 IPv4 根服务器信息，测试参数如表 2.12 所示。

表 2.12　IPv4 系统 X 根服务器测试参数

测试项目	测试内容	测试方法	结果验证方法
IPv4 的 X 根域名 (.) 的解析	通过 X 根域名服务器测试根域名 NS 记录的解析	使用 nslookup 进行测试查询 IPv4 的 X 根域名服务器的 NS 记录。输入下列命令： [输入]server x.root-servers.chn [输入]set q=ns [输入].	IPv4/IPV9 过渡期网络中以 X 根域名服务器解析后显示 N～Z 根域名服务器的 NS 记录

测试结果如图 2.23、图 2.24 所示。

图 2.23　Ubuntu Kylin 16.04 系统中　　图 2.24　Windows 系统中 X 根
X 根查询信息　　　　　　　　　查询信息

2.2.12　Y 根服务器测试

本例测试 IPv4/IPV9 过渡网络中以 Y 命名的 IPv4 根服务器信息，测试参数如表 2.13 所示。

表 2.13　IPv4 系统 Y 根服务器测试参数

测试项目	测试内容	测试方法	结果验证方法
IPv4 的 Y 根域名 (.) 的解析	通过 Y 根域名服务器测试根域名 NS 记录的解析	使用 nslookup 进行测试查询 IPv4 的 Y 根域名服务器的 NS 记录。输入下列命令： [输入]server y.root-servers.chn [输入]set q=ns [输入].	IPv4/IPV9 过渡期网络中以 Y 根域名服务器解析后显示 N ～ Z 根域名服务器的 NS 记录

测试结果如图 2.25、图 2.26 所示。

图 2.25　Ubuntu Kylin 16.04 系统中　　　图 2.26　Windows 系统中 Y 根
Y 根查询信息　　　　　　　　　　　　查询信息

2.2.13 Z 根服务器测试

本例测试 IPv4/IPV9 过渡网络中以 Z 命名的 IPv4 根服务器信息，测试参数如表 2.14 所示。

表 2.14 IPv4 系统 Z 根服务器测试参数

测试项目	测试内容	测试方法	结果验证方法
IPv4 的 Z 根域名 (.) 的解析	通过 Z 根域名服务器测试根域名 NS 记录的解析	使用 nslookup 进行测试查询 IPv4 的 Z 根域名服务器的 NS 记录。输入下列命令： [输入]server z.root-servers.chn [输入]set q=ns [输入].	IPv4/IPV9 过渡期网络中以 Z 根域名服务器解析后显示 N ～ Z 根域名服务器的 NS 记录

测试结果如图 2.27、图 2.28 所示。

图 2.27 Ubuntu Kylin 16.04 系统中　　图 2.28 Windows 系统中 Z 根
　　　　Z 根查询信息　　　　　　　　　　　　查询信息

2.3 IPV9 网络 N ～ Z 命名的 13 个根服务器

测试环境：PC 客户端分配有 IPV9 地址网络环境，操作系统 V9 Ubuntu Kylin16.04，IPV9 地址、网关地址、DNSv9 地址根据实际情况而定。每个根只有 IPV9 地址，无 IPv4、IPv6 地址，如图 2.29 所示。

图 2.29　根服务器测试环境设置

2.3.1　以 N 命名的 IPV9 根服务器

本例测试 IPV9 网络中以 N 命名的根服务器信息，测试参数如表 2.15 所示。

表 2.15　IPV9 系统 N 根服务器测试参数

测试项目	测试内容	测试方法	结果验证内容
IPV9 的 N 根域名的解析	通过 N 根域名服务器测试 N 根域名 NS 记录的解析	使用 nslookup9 进行测试 N 根域名服务器的 NS 记录。 输入下列命令： [输入]server n.root-servers.chn [输入]set q=ns [输入].	IPV9 N 根域名服务器，查询 N 根域名 NS 记录，显示 N ～ Z 根域名服务器的 NS 记录

测试结果如图 2.30 所示。

```
shv9@ukylin: $ nslookup9
> server n.root-servers.chn
Default server: n.root-servers.chn
Address: 32768[86[10[2[3]2#53
> set  q=ns
> .
Server :        n.root-servers.chn
Address:        32768[86[10[2[3]2#53

.        nameserver = v.root-servers.chn.
.        nameserver = w.root-servers.chn.
.        nameserver = x.root-servers.chn.
.        nameserver = y.root-servers.chn.
.        nameserver = z.root-servers.chn.
.        nameserver = n.root-servers.chn.
.        nameserver = o.root-servers.chn.
.        nameserver = p.root-servers.chn.
.        nameserver = q.root-servers.chn.
.        nameserver = r.root-servers.chn.
.        nameserver = s.root-servers.chn.
.        nameserver = t.root-servers.chn.
.        nameserver = u.root-servers.chn.
>
```

图 2.30　V9 Ubuntu Kylin 16.04 系统中 N 根信息

2.3.2　以 O 命名的 IPV9 根服务器

本例测试 IPV9 网络中以 O 命名的根服务器信息，测试参数如表 2.16 所示。

表 2.16　IPV9 系统 O 根服务器测试参数

测试项目	测试内容	测试方法	结果验证内容
IPV9 的 O 根域名的解析	通过 O 根域名服务器测试 O 根域名 NS 记录的解析	使用 nslookup9 进行测试 O 根域名服务器的 NS 记录。 输入下列命令： [输入]server o.root−servers.chn [输入]set q=ns [输入].	IPV9 O 根域名服务器，查询 O 根域名 NS 记录，显示 N～Z 根域名服务器的 NS 记录

测试结果如图 2.31 所示。

```
shv9@ukylin: $ nslookup9
> server n.root-servers.chn
Default server: o.root-servers.chn
Address: 32768[86[21[1[3]2#53
> set q=ns
> .
Server :        o.root-servers.chn
Address:        32768[86[21[1[3]2#53

.               nameserver = p.root-servers.chn.
.               nameserver = q.root-servers.chn.
.               nameserver = r.root-servers.chn.
.               nameserver = s.root-servers.chn.
.               nameserver = t.root-servers.chn.
.               nameserver = u.root-servers.chn.
.               nameserver = v.root-servers.chn.
.               nameserver = w.root servers.chn.
.               nameserver = x.root servers.chn.
.               nameserver = y.root-servers.chn.
.               nameserver = z.root-servers.chn.
.               nameserver = n.root-servers.chn.
.               nameserver = o.root-servers.chn.
>
```

图 2.31　V9 Ubuntu Kylin 16.04 系统中 O 根信息

2.3.3　以 P 命名的 IPV9 根服务器

本例测试 IPV9 网络中以 P 命名的根服务器信息，测试参数如表 2.17 所示。

表 2.17　IPV9 系统 P 服务器测试参数

测试项目	测试内容	测试方法	结果验证内容
IPV9 的 P 根域名的解析	通过 P 根域名服务器测试 P 根域名 NS 记录的解析	使用 nslookup9 进行测试 P 根域名服务器的 NS 记录。 输入下列命令： [输入]server p.root-servers.chn [输入]set q=ns [输入].	IPV9 P 根域名服务器，查询 P 根域名 NS 记录，显示 N ～ Z 根域名服务器的 NS 记录

测试结果如图 2.32 所示。

```
shv9@ukylin: $ nslookup9
> server n.root-servers.chn
Default server: p.root-servers.chn
Address: 32768[86[21[2[3]2#53
> set  q=ns
>.
Server :       p.root-servers.chn
Address:       32768[86[21[2[3]2#53

.          nameserver = n.root-servers.chn.
.          nameserver = o.root-servers.chn.
.          nameserver = p.root-servers.chn.
.          nameserver = q.root-servers.chn.
.          nameserver = r.root-servers.chn.
.          nameserver = s.root-servers.chn.
.          nameserver = t.root-servers.chn.
.          nameserver = u.root-servers.chn.
.          nameserver = v.root-servers.chn.
.          nameserver = w.root servers.chn.
.          nameserver = x.root servers.chn.
.          nameserver = y.root-servers.chn.
.          nameserver = z.root-servers.chn.
>
```

图 2.32　V9 Ubuntu Kylin 16.04 系统中 P 根信息

2.3.4　以 Q 命名的 IPV9 根服务器

本例测试 IPV9 网络中以 Q 命名的根服务器信息，测试参数如表 2.18 所示。

表 2.18　IPV9 系统 Q 服务器测试参数

测试项目	测试内容	测试方法	结果验证内容
IPV9 的 Q 根域名的解析	通过 Q 根域名服务器测试 Q 根域名 NS 记录的解析	使用 nslookup9 进行测试 Q 根域名服务器的 NS 记录。 输入下列命令： [输入]server q.root−servers.chn [输入]set q=ns [输入].	IPV9 Q 根域名服务器，查询 Q 根域名 NS 记录，显示 N～Z 根域名服务器的 NS 记录

测试结果如图 2.33 所示。

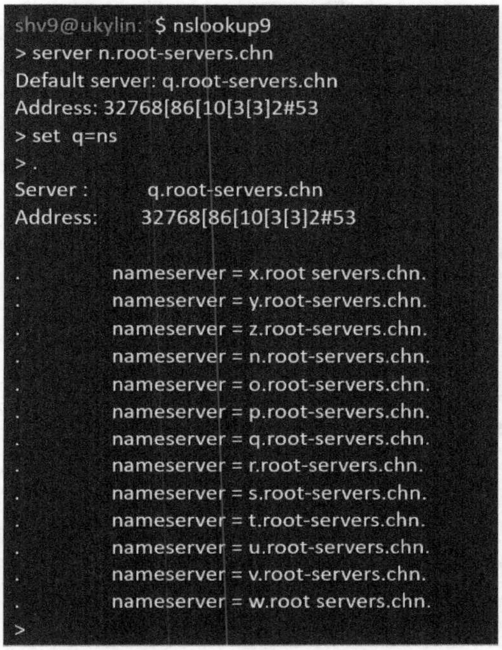

```
shv9@ukylin: $ nslookup9
> server n.root-servers.chn
Default server: q.root-servers.chn
Address: 32768[86[10[3[3]2#53
> set  q=ns
> .
Server :        q.root-servers.chn
Address:        32768[86[10[3[3]2#53

.           nameserver = x.root servers.chn.
.           nameserver = y.root-servers.chn.
.           nameserver = z.root-servers.chn.
.           nameserver = n.root-servers.chn.
.           nameserver = o.root-servers.chn.
.           nameserver = p.root-servers.chn.
.           nameserver = q.root-servers.chn.
.           nameserver = r.root-servers.chn.
.           nameserver = s.root-servers.chn.
.           nameserver = t.root-servers.chn.
.           nameserver = u.root-servers.chn.
.           nameserver = v.root-servers.chn.
.           nameserver = w.root servers.chn.
>
```

图 2.33　V9 Ubuntu Kylin 16.04 系统中 Q 根信息

2.3.5　以 R 命名的 IPV9 根服务器

本例测试 IPV9 网络中以 R 命名的根服务器信息，测试参数如表 2.19 所示。

表 2.19　IPV9 系统 R 服务器测试参数

测试项目	测试内容	测试方法	结果验证内容
IPV9 的 R 根域名的解析	通过 R 根域名服务器测试 R 根域名 NS 记录的解析	使用 nslookup9 进行测试 R 根域名服务器的 NS 记录。 输入下列命令： [输入]server r.root–servers.chn [输入]set q=ns [输入].	IPV9 R 根域名服务器，查询 R 根域名 NS 记录，显示 N ～ Z 根域名服务器的 NS 记录

测试结果如图 2.34 所示。

```
shv9@ukylin: $ nslookup9
> server n.root-servers.chn
Default server: r.root-servers.chn
Address: 60000001[86[1002[3]2#53
> set  q=ns
> .
Server :      r.root-servers.chn
Address:      60000001[86[1[1002[3]2#53

.       nameserver = y.root-servers.chn.
.       nameserver = z.root-servers.chn.
.       nameserver = n.root-servers.chn.
.       nameserver = o.root-servers.chn.
.       nameserver = p.root-servers.chn.
.       nameserver = q.root-servers.chn.
.       nameserver = r.root-servers.chn.
.       nameserver = s.root-servers.chn.
.       nameserver = t.root-servers.chn.
.       nameserver = u.root-servers.chn.
.       nameserver = v.root-servers.chn.
.       nameserver = w.root servers.chn.
.       nameserver = x.root servers.chn.
>
```

图 2.34   V9 Ubuntu Kylin 16.04 系统中 R 根信息

2.3.6   以 S 命名的 IPV9 根服务器

本例测试 IPV9 网络中以 S 命名的根服务器信息，测试参数如表 2.20 所示。

表 2.20   IPV9 系统 S 服务器测试参数

测试项目	测试内容	测试方法	结果验证内容
IPV9 的 S 根域名的解析	通过 S 根域名服务器测试 S 根域名 NS 记录的解析	使用 nslookup9 进行测试 S 根域名服务器的 NS 记录。 输入下列命令： [输入]server s.root−servers.chn [输入]set q=ns [输入].	IPV9 S 根域名服务器，查询 S 根域名 NS 记录，显示 N～Z 根域名服务器的 NS 记录

测试结果如图 2.35 所示。

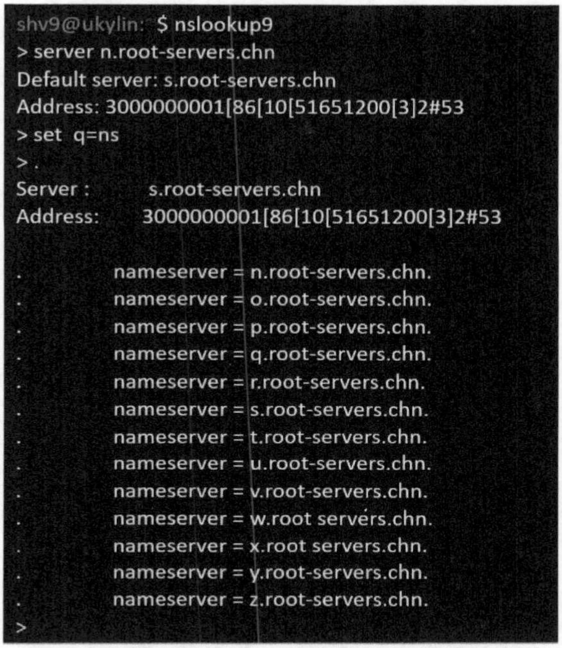

```
shv9@ukylin: $ nslookup9
> server n.root-servers.chn
Default server: s.root-servers.chn
Address: 3000000001[86[10[51651200[3]2#53
> set q=ns
> .
Server :        s.root-servers.chn
Address:        3000000001[86[10[51651200[3]2#53

.        nameserver = n.root-servers.chn.
.        nameserver = o.root-servers.chn.
.        nameserver = p.root-servers.chn.
.        nameserver = q.root-servers.chn.
.        nameserver = r.root-servers.chn.
.        nameserver = s.root-servers.chn.
.        nameserver = t.root-servers.chn.
.        nameserver = u.root-servers.chn.
.        nameserver = v.root-servers.chn.
.        nameserver = w.root servers.chn.
.        nameserver = x.root servers.chn.
.        nameserver = y.root-servers.chn.
.        nameserver = z.root-servers.chn.
>
```

图 2.35　V9 Ubuntu Kylin 16.04 系统中 S 根信息

2.3.7　以 T 命名的 IPV9 根服务器

本例测试 IPV9 网络中以 T 命名的根服务器信息，测试参数如表 2.21 所示。

表 2.21　IPV9 系统 T 服务器测试参数

测试项目	测试内容	测试方法	结果验证内容
IPV9 的 T 根域名的解析	通过 T 根域名服务器测试 T 根域名 NS 记录的解析	使用 nslookup9 进行测试 T 根域名服务器的 NS 记录。 输入下列命令： [输入]server t.root−servers.chn [输入]set q=ns [输入].	IPV9 T 根域名服务器，查询 T 根域名 NS 记录，显示 N ～ Z 根域名服务器的 NS 记录

测试结果如图 2.36 所示。

```
shv9@ukylin: $ nslookup9
> server n.root-servers.chn
Default server: t.root-servers.chn
Address: 60000001[86[1[1001[3]2#53
> set  q=ns
>.
Server :        t.root-servers.chn
Address:        60000001[86[1[1001[3]2#53

.              nameserver = q.root-servers.chn.
.              nameserver = r.root-servers.chn.
.              nameserver = s.root-servers.chn.
.              nameserver = t.root-servers.chn.
.              nameserver = u.root-servers.chn.
.              nameserver = v.root-servers.chn.
.              nameserver = w.root servers.chn.
.              nameserver = x.root servers.chn.
.              nameserver = y.root-servers.chn.
.              nameserver = z.root-servers.chn.
.              nameserver = n.root-servers.chn.
.              nameserver = o.root-servers.chn.
.              nameserver = p.root-servers.chn.
>
```

图 2.36 V9 Ubuntu Kylin 16.04 系统中 T 根信息

2.3.8 以 U 命名的 IPV9 根服务器

本例测试 IPV9 网络中以 U 命名的根服务器信息，测试参数如表 2.22 所示。

表 2.22 IPV9 系统 U 服务器测试参数

测试项目	测试内容	测试方法	结果验证内容
IPV9 的 U 根域名的解析	通过 U 根域名服务器测试 U 根域名 NS 记录的解析	使用 nslookup9 进行测试 U 根域名服务器的 NS 记录。 输入下列命令： [输入]server u.root−servers.chn [输入]set q=ns [输入].	IPV9 U 根域名服务器，查询 U 根域名 NS 记录，显示 N ～ Z 根域名服务器的 NS 记录

测试结果如图 2.37 所示。

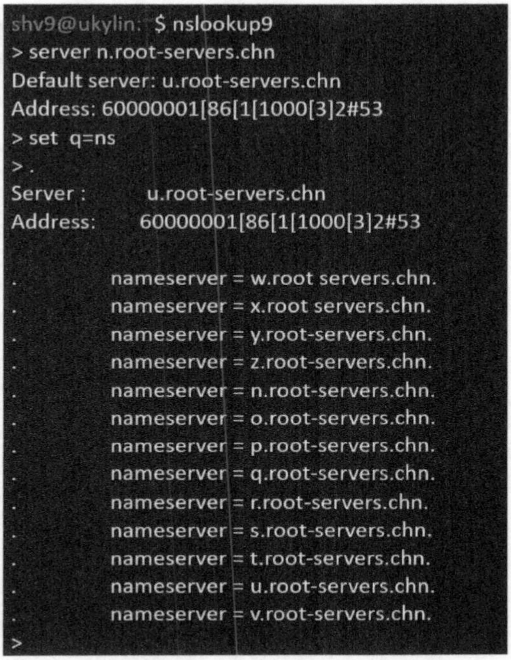

图 2.37　V9 Ubuntu Kylin 16.04 系统中 U 根信息

2.3.9　以 V 命名的 IPV9 根服务器

本例测试 IPV9 网络中以 V 命名的根服务器信息，测试参数如表 2.23 所示。

表 2.23　IPV9 系统 V 服务器测试参数

测试项目	测试内容	测试方法	结果验证内容
IPV9 的 V 根域名的解析	通过 V 根域名服务器测试 V 根域名 NS 记录的解析	使用 nslookup9 进行测试 V 根域名服务器的 NS 记录。 输入下列命令： [输入]server v.root−servers.chn [输入]set q=ns [输入].	IPV9 V 根域名服务器，查询 V 根域名 NS 记录，显示 N～Z 根域名服务器的 NS 记录

测试结果如图 2.38 所示。

```
shv9@ukylin: $ nslookup9
> server n.root-servers.chn
Default server: v.root-servers.chn
Address: 3000000001[86[10[51651200[3]3#53
> set q=ns
> .
Server :       v.root-servers.chn
Address:       3000000001[86[10[51651200[3]3#53

.       nameserver = n.root servers.chn.
        nameserver = o.root servers.chn.
        nameserver = p.root-servers.chn.
        nameserver = q.root-servers.chn.
        nameserver = r.root-servers.chn.
        nameserver = s.root-servers.chn.
        nameserver = t.root-servers.chn.
        nameserver = u.root-servers.chn.
        nameserver = v.root-servers.chn.
        nameserver = w.root-servers.chn.
        nameserver = x.root-servers.chn.
        nameserver = y.root-servers.chn.
        nameserver = z.root-servers.chn.
>
```

图 2.38　V9 Ubuntu Kylin 16.04 系统中 V 根信息

2.3.10　以 W 命名的 IPV9 根服务器

本例测试 IPV9 网络中以 W 命名的根服务器信息，测试参数如表 2.24 所示。

表 2.24　IPV9 系统 W 服务器测试参数

测试项目	测试内容	测试方法	结果验证内容
IPV9 的 W 根域名的解析	通过 W 根域名服务器测试 W 根域名 NS 记录的解析	使用 nslookup9 进行测试 W 根域名服务器的 NS 记录。 输入下列命令： [输入]server w.root−servers.chn [输入]set q=ns [输入].	IPV9 W 根域名服务器，查询 W 根域名 NS 记录，显示 N ～ Z 根域名服务器的 NS 记录

测试结果如图 2.39 所示。

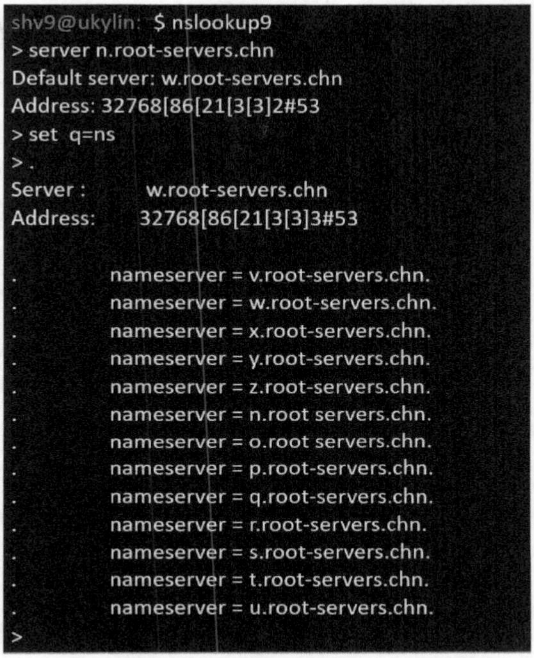

```
shv9@ukylin: $ nslookup9
> server n.root-servers.chn
Default server: w.root-servers.chn
Address: 32768[86[21[3[3]2#53
> set q=ns
> .
Server :       w.root-servers.chn
Address:       32768[86[21[3[3]3#53

.        nameserver = v.root-servers.chn.
.        nameserver = w.root-servers.chn.
.        nameserver = x.root-servers.chn.
.        nameserver = y.root-servers.chn.
.        nameserver = z.root-servers.chn.
.        nameserver = n.root-servers.chn.
.        nameserver = o.root-servers.chn.
.        nameserver = p.root-servers.chn.
.        nameserver = q.root-servers.chn.
.        nameserver = r.root-servers.chn.
.        nameserver = s.root-servers.chn.
.        nameserver = t.root-servers.chn.
.        nameserver = u.root-servers.chn.
>
```

图 2.39　V9 Ubuntu Kylin 16.04 显示的 W 根信息

2.3.11　以 X 命名的 IPV9 根服务器

本例测试 IPV9 网络中以 X 命名的根服务器信息，测试参数如表 2.25 所示。

表 2.25　IPV9 系统 X 服务器测试参数

测试项目	测试内容	测试方法	结果验证内容
IPV9 的 X 根域名的解析	通过 X 根域名服务器测试 X 根域名 NS 记录的解析	使用 nslookup9 进行测试 X 根域名服务器的 NS 记录。 输入下列命令： [输入]server x.root−servers.chn [输入]set q=ns [输入].	IPV9 X 根域名服务器，查询 X 根域名 NS 记录，显示 N ～ Z 根域名服务器的 NS 记录

测试结果如图 2.40 所示。

```
shv9@ukylin: $ nslookup9
> server n.root-servers.chn
Default server: x.root-servers.chn
Address: 3000000001[86[10[51651200[3]5#53
> set  q=ns
> .
Server :       x.root-servers.chn
Address:       3000000001[86[10[51651200[3]5#53

.              nameserver = n.root servers.chn.
.              nameserver = o.root servers.chn.
.              nameserver = p.root-servers.chn.
.              nameserver = q.root-servers.chn.
.              nameserver = r.root-servers.chn.
.              nameserver = s.root-servers.chn.
.              nameserver = t.root-servers.chn.
.              nameserver = u.root-servers.chn.
.              nameserver = v.root-servers.chn.
.              nameserver = w.root-servers.chn.
.              nameserver = x.root-servers.chn.
.              nameserver = y.root-servers.chn.
.              nameserver = z.root-servers.chn
>
```

图 2.40　V9 Ubuntu Kylin 16.04 显示的 X 根信息

2.3.12　以 Y 命名的 IPV9 根服务器

本例测试 IPV9 网络中以 Y 命名的根服务器信息，测试参数如表 2.26 所示。

表 2.26　IPV9 系统 Y 服务器测试参数

测试项目	测试内容	测试方法	结果验证内容
IPV9 的 Y 根域名的解析	通过 Y 根域名服务器测试 Y 根域名 NS 记录的解析	使用 nslookup9 进行测试 Y 根域名服务器的 NS 记录。 输入下列命令： [输入]server y.root-servers.chn [输入]set q=ns [输入].	IPV9 Y 根域名服务器，查询 Y 根域名 NS 记录，显示 N ～ Z 根域名服务器的 NS 记录

测试结果如图 2.41 所示。

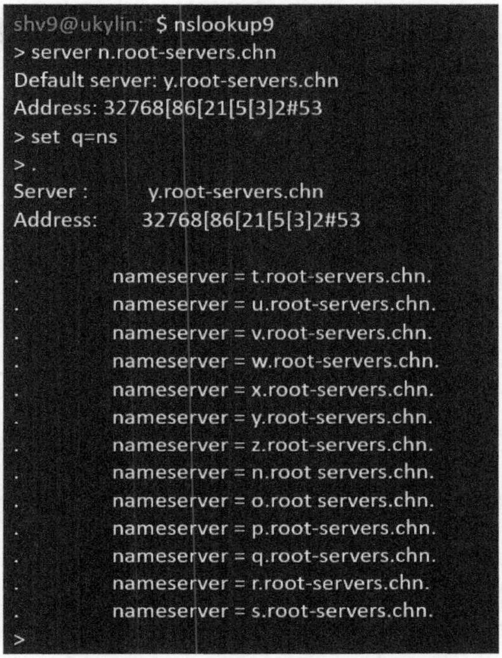

```
shv9@ukylin: $ nslookup9
> server n.root-servers.chn
Default server: y.root-servers.chn
Address: 32768[86[21[5[3]2#53
> set  q=ns
> .
Server :      y.root-servers.chn
Address:      32768[86[21[5[3]2#53

.            nameserver = t.root-servers.chn.
.            nameserver = u.root-servers.chn.
.            nameserver = v.root-servers.chn.
.            nameserver = w.root-servers.chn.
.            nameserver = x.root-servers.chn.
.            nameserver = y.root-servers.chn.
.            nameserver = z.root-servers.chn.
.            nameserver = n.root-servers.chn.
.            nameserver = o.root-servers.chn.
.            nameserver = p.root-servers.chn.
.            nameserver = q.root-servers.chn.
.            nameserver = r.root-servers.chn.
.            nameserver = s.root-servers.chn.
>
```

图 2.41　V9 Ubuntu Kylin 16.04 显示的 Y 根信息

2.3.13　以 Z 命名的 IPV9 根服务器

本例测试 IPV9 网络中以 Z 命名的根服务器信息，测试参数如表 2.27 所示。

表 2.27　IPV9 系统 Z 服务器测试参数

测试项目	测试内容	测试方法	结果验证内容
IPV9 的 Z 根域名的解析	通过 Z 根域名服务器测试 Z 根域名 NS 记录的解析	使用 nslookup9 进行测试 Z 根域名服务器的 NS 记录。 输入下列命令： [输入]server z.root-servers.chn [输入]set q=ns [输入].	IPV9 Z根域名服务器，查询 Z 根域名 NS 记录，显示 N～Z 根域名服务器的 NS 记录

测试结果如图 2.42 所示。

```
shv9@ukylin:  $ nslookup9
> server n.root-servers.chn
Default server: z.root-servers.chn
Address: 3000000001[86[10[51651200[3]4#53
> set  q=ns
> .
Server :       z.root-servers.chn
Address:       3000000001[86[10[51651200[3]4#53

.         nameserver = n.root servers.chn.
          nameserver = o.root servers.chn.
          nameserver = p.root-servers.chn.
          nameserver = q.root-servers.chn.
          nameserver = r.root-servers.chn.
          nameserver = s.root-servers.chn.
          nameserver = t.root-servers.chn.
          nameserver = u.root-servers.chn.
          nameserver = v.root-servers.chn.
          nameserver = w.root-servers.chn.
          nameserver = x.root-servers.chn.
          nameserver = y.root-servers.chn.
          nameserver = z.root-servers.chn.
>
```

图 2.42   V9 Ubuntu Kylin 16.04 显示的 Z 根信息

从以上测试可以看出，IPV9 网络系统具有完整的 13 个根服务器，表明该网络系统具备和 Internet 并行的网络结构，由于计算机键盘仅有 26 个英语字符，Internet 占用 A ～ M，IPV9 占用 N ～ Z，测试表明，基于 IP 框架下的计算机键盘资源已经占用完毕。

第3章 DNSV9域名解析测试

计算机组成的网络是通过 IP 地址来定位的，给定一个 IP 地址，就可以找到联网的计算机。由于 IP 地址在计算机内部采用的是二进制标识，在计算机外部用多种进制（点分十进制、冒号分十六进制、中括号分十进制）表示，难以记忆，因此，采用了域名代替 IP 地址的方法。通过域名并不能直接找到要访问的计算机，中间需要加一个从域名查找 IP 地址的过程，这个过程就是域名解析。

域名注册后，注册商为域名提供免费的静态解析服务。一般的域名注册商并不提供动态解析服务，如果需要使用动态解析服务，须向动态域名服务商支付域名动态解析服务费。域名解析系统就是为了方便记忆而专门建立的一套地址转换系统，域名解析就是将域名重新转换为 IP 地址的过程。一个域名对应一个 IP 地址，一个 IP 地址可以对应多个域名，因此，多个域名可以同时被解析到一个 IP 地址。域名解析需要由专门的域名解析服务器（DNS）来完成。

3.1 CHN 域名的 IPv4 解析

3.1.1 CHN 域名解析系统测试

（1）IPV9 地址 CHN 域名解析测试

测试环境：IPV9 Ubimtu Kylin 客户端，IPV9 地址、网关、DNSv9 根据实际情况而定。IPV9 解析记录类型表示 AAAAAAAA。A 记录（A record）则是 IPv4 域名解析记录类型。AAAA 记录代表 IPv6 解析记录类型，该记录是将域名解析到一个指定的 IPV9 的 IP 上，测试参数如表 3.1 所示。

表 3.1　IPV9 地址解析测试参数

测试项目	测试内容	测试方法	结果验证内容
CHN 域名 IPV9 地址 解析	IPV9 的地 址解析	使用 dig9 查询 CHN 域名对应的 IPV9 地址。 输入下列命令： [输入] dig9 +trace AAAAAAAA em777.chn +noedns +nodnssec	显示 em777.chn 对应的 IPV9 地 址和域名解析的 过程

测试结果如图 3.1 所示。

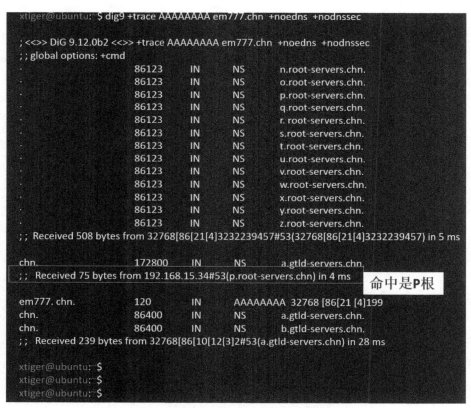

图 3.1　em777.chn 的 IPV9 的地址解析图

（2）IPv4/IPV9 网络中 IPv4 地址 CHN 域名解析

测试参数如表 3.2 所示。

表 3.2　IPv4/IPV9 过渡期网络中 IPv4 的地址解析测试参数

测试项目	测试内容	测试方法	结果验证内容
CHN 域名 IPv4 地址解析	IPv4/IPV9 过渡期网络中 IPv4 的地址解析	使用 dig9 查询 CHN 域名对应的 IPv4 地址。 输入下列命令： [输入] dig9 A +trace em777.chn +noedns +nodnssec	显示 em777.chn 对应的 IPv4 地址和域名解析的过程

测试结果如图 3.2 所示。

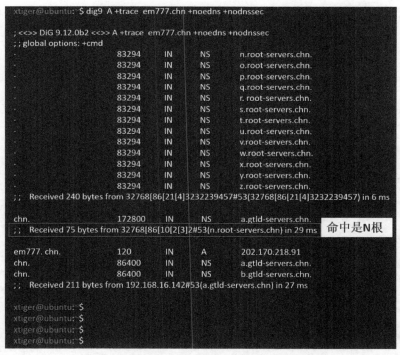

图 3.2　em777.chn 的 IPv4 的地址解析图

（3）IPV9 地址与 IPv4 地址对比测试

IPV9 地址 CHN 域名解析与因特网 IPv4 地址 com、cn 解析命中不同根域名服务器对比测试。

显示 IPV9 中 N 根至 Z 根 13 个根域名服务器列表、显示 IPv4 中 A 根至 M

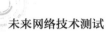
根 13 个根域名服务器列表，命中 IPv4 与 IPV9 根域名服务器过程。

CHN 域名 IPV9 地址解析，命中 IPV9 N 根域名服务器，每次解析的根域名服务器是随机实现的，测试列表如表 3.3 所示。

表 3.3 IPv4/IPV9 过渡期网络中的 IPV9 地址解析测试参数

测试项目	测试内容	测试方法	内容验证
CHN 域名 IPV9 地址解析	显示 IPV9 N ～ Z 的 13 个根域名服务器，IPV9 的地址解析命中 IPV9 根域名服务器，每次解析的根域名服务器是随机实现的	使用 dig9 查询 CHN 域名对应的 IPV9 地址。输入下列命令：[输入]dig9+tracewebsztc9.chn+noedns+nodnssec	显示 IPV9 的 13 个根域名服务器，websztc9.chn 对应的 IPV9 地址和域名解析过程，每次解析的根域名服务器是随机实现的

测试结果如图 3.3 所示。

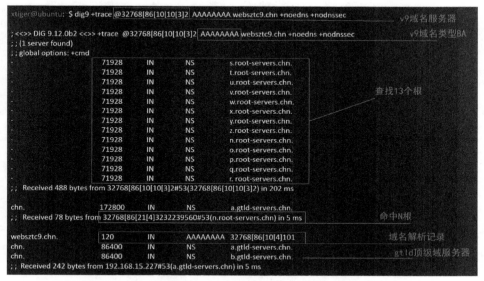

图 3.3 显示 IPV9 的 13 个根域名服务器命中 N 根服务器

当进行再次解析时，会出现不同的解析服务，如图 3.4 至图 3.6 所示。

```
;; Received 103 bytes from 192.168.16.142#53(a.gtld-servers.chn) in 27 ms

xtiger@ubuntu: $ dig9 +trace em777.chn +noedns +nodnssec

; <<>> DiG 9.12.0b2 <<>> +trace em777.chn +noedns +nodnssec
;; global options: +cmd
.                          85862      IN      NS      n.root-servers.chn.
.                          85862      IN      NS      o.root-servers.chn.
.                          85862      IN      NS      p.root-servers.chn.
.                          85862      IN      NS      q.root-servers.chn.
.                          85862      IN      NS      r. root-servers.chn.
.                          85862      IN      NS      s.root-servers.chn.
.                          85862      IN      NS      t.root-servers.chn.
.                          85862      IN      NS      u.root-servers.chn.
.                          85862      IN      NS      v.root-servers.chn.
.                          85862      IN      NS      w.root-servers.chn.
.                          85862      IN      NS      x.root-servers.chn.
.                          85862      IN      NS      y.root-servers.chn.
.                          85862      IN      NS      z.root-servers.chn.
;; Received 508 bytes from 32768[86[21[4]3232239457#53(32768[86[21[4]3232239457) in 5 ms

chn.                       172800     IN      NS      a.gtld-servers.chn.
;; Received 75 bytes from 192.168.22.4#53(z.root-servers.chn) in 32 ms

em777. chn.                120        IN      A       202.170.218.91
chn.                       86400      IN      NS      a.gtld-servers.chn.
chn.                       86400      IN      NS      b.gtld-servers.chn.
;; Received 211 bytes from 32768[86[10[12[3]2#53(a.gtld-servers.chn) in 28 ms
xtiger@ubuntu: $
xtiger@ubuntu: $
```

图 3.4　再次查询显示 IPV9 的 13 个根服务器命中 Z 根服务器

```
;; Received 211 bytes from 32768[86[10[12[3]2#53(a.gtld-servers.chn) in 28 ms

xtiger@ubuntu: $
xtiger@ubuntu: $ dig9 +trace em777.chn +noedns +nodnssec

; <<>> DiG 9.12.0b2 <<>> + trace em777.chn + noedns +nodnssec
;; global options: +cmd
.                          85820      IN      NS      n.root-servers.chn.
.                          85820      IN      NS      o.root-servers.chn.
.                          85820      IN      NS      p.root-servers.chn.
.                          85820      IN      NS      q.root-servers.chn.
.                          85820      IN      NS      r.root-servers.chn.
.                          85820      IN      NS      s.root-servers.chn.
.                          85820      IN      NS      t.root-servers.chn.
.                          85820      IN      NS      u.root-servers.chn.
.                          85820      IN      NS      v.root-servers.chn.
.                          85820      IN      NS      w.root-servers.chn.
.                          85820      IN      NS      x.root-servers.chn.
.                          85820      IN      NS      y.root-servers.chn.
.                          85820      IN      NS      z.root-servers.chn.
;; Received 240 bytes from 32768[86[21[4]3232239457#53(32768 [86[21[4]3232239457) in 7 ms

chn.                       172800     IN      NS      a.gtld-servers.chn.
;; Received 75 bytes from 192.168.15.33#53(o.root-servers.chn) in 4 ms

em777. chn.                120        IN      A       202.170.218.91
chn.                       86400      IN      NS      a.gtld-servers.chn.
chn.                       86400      IN      NS      b.gtld-servers.chn.
;; Received 211 bytes from 192.168.16.142#53(a.gtld-servers.chn) in 27 ms

xtiger@ubuntu: $
```

图 3.5　第三次查询显示 IPV9 的 13 个根服务器命中 O 根服务器

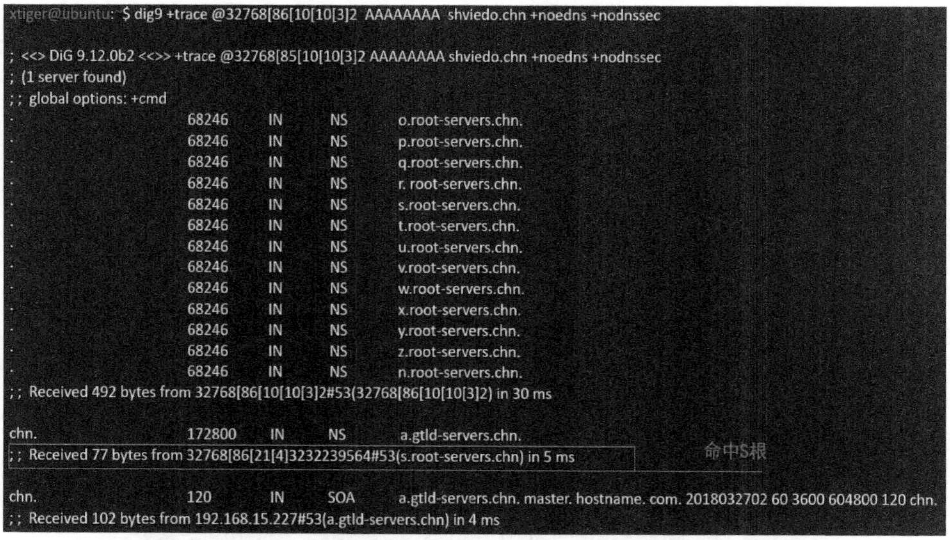

```
xtiger@ubuntu: $ dig9 +trace @32768[86[10[10[3]2 AAAAAAAA shviedo.chn +noedns +nodnssec

; <<> DiG 9.12.0b2 <<>> +trace @32768[85[10[10[3]2 AAAAAAAA shviedo.chn +noedns +nodnssec
; (1 server found)
;; global options: +cmd
.                    68246      IN      NS      o.root-servers.chn.
.                    68246      IN      NS      p.root-servers.chn.
.                    68246      IN      NS      q.root-servers.chn.
.                    68246      IN      NS      r.root-servers.chn.
.                    68246      IN      NS      s.root-servers.chn.
.                    68246      IN      NS      t.root-servers.chn.
.                    68246      IN      NS      u.root-servers.chn.
.                    68246      IN      NS      v.root-servers.chn.
.                    68246      IN      NS      w.root-servers.chn.
.                    68246      IN      NS      x.root-servers.chn.
.                    68246      IN      NS      y.root-servers.chn.
.                    68246      IN      NS      z.root-servers.chn.
.                    68246      IN      NS      n.root-servers.chn.
;; Received 492 bytes from 32768[86[10[10[3]2#53(32768[86[10[10[3]2) in 30 ms

chn.                 172800     IN      NS      a.gtld-servers.chn.
;; Received 77 bytes from 32768[86[21[4]3232239564#53(s.root-servers.chn) in 5 ms

chn.                 120        IN      SOA     a.gtld-servers.chn. master. hostname. com. 2018032702 60 3600 604800 120 chn.
;; Received 102 bytes from 192.168.15.227#53(a.gtld-servers.chn) in 4 ms
```
命中S根

图 3.6 第四次查询显示 IPV9 的 13 个根服务器命中 S 根服务器

3.1.2 .COM 域名解析系统测试

Internet 的 .COM 域名 IPv4 地址解析，命中 IPv4 的 M 根域名服务器，每次解析的根域名服务器也是随机实现的，如表 3.4、图 3.7、图 3.8 所示，分别为二次查询命中的根服务器。

表 3.4 IPv4/IPV9 过渡期网络中 IPv4 的地址解析测试参数

测试项目	测试内容	测试方法	内容验证
因特网中 COM 域名 IPv4 地址解析	显示 IPv4A 至 M 13 个根域名服务器，IPv4 的地址解析命中 IPv4 根域名服务器，每次解析的根域名服务器是随机实现的	使用 dig 查询 COM 域名对应的 IPv4 地址。 输入下列命令： [输入]dig9+trace 126.com dig+trace shonline.com.cn dig+trace sina.com.cn	显示 IPv4 的 13 个根域名服务器，显示 com.cn 对应的 IPv4 地址和域名解析过程，每次解析的根域名服务器是随机实现的

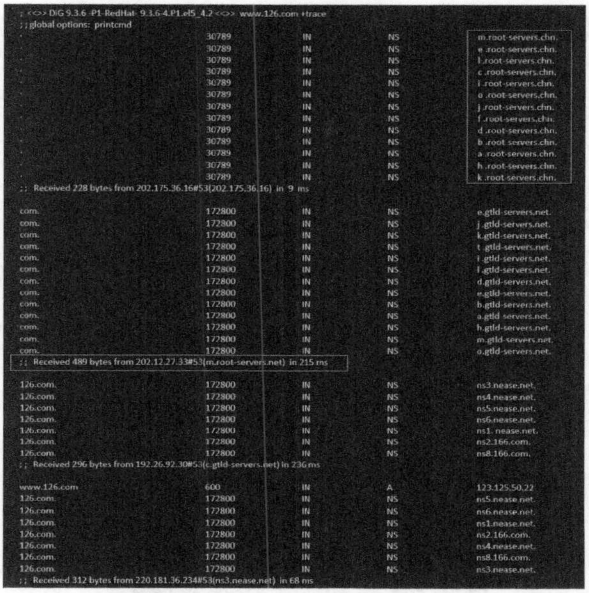

图 3.7　第一次查询显示 IPv4 的 13 个根服务器命中 M 根服务器

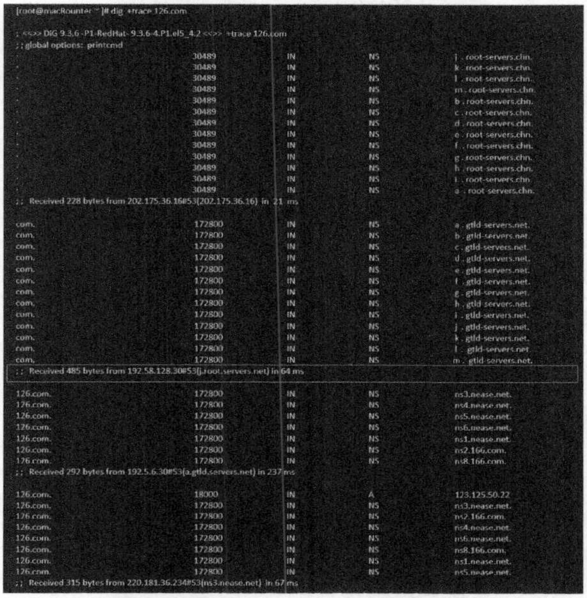

图 3.8　第二次查询显示 IPv4 的 13 个根服务器命中 J 根服务器

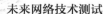

3.1.3　CN 域名解析系统测试

Internet 的 .CN 域名 IPv4 地址解析，命中 IPv4 的域名服务器，每次解析的根域名服务器也是随机实现的，如图 3.9 至图 3.12 所示为四次解析分别命中不同服务器的截图。

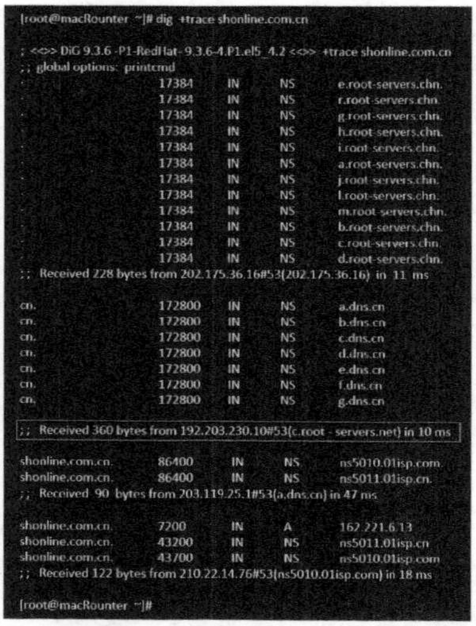

图 3.9　第一次查询显示 IPv4 的 13 个根服务器命中 C 根服务器

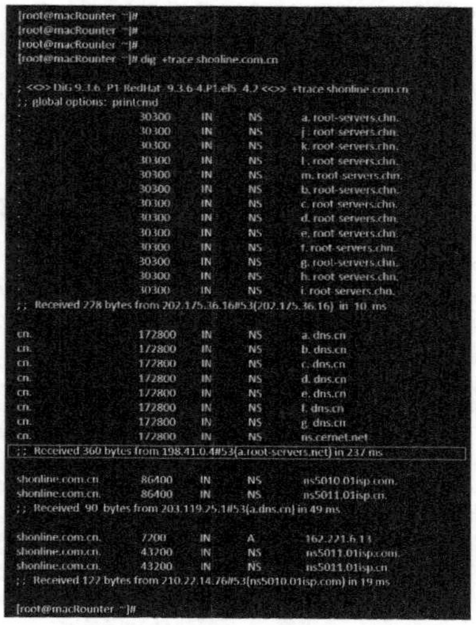

图 3.10　第二次查询显示 IPv4 的 13 个根服务器命中 A 根服务器

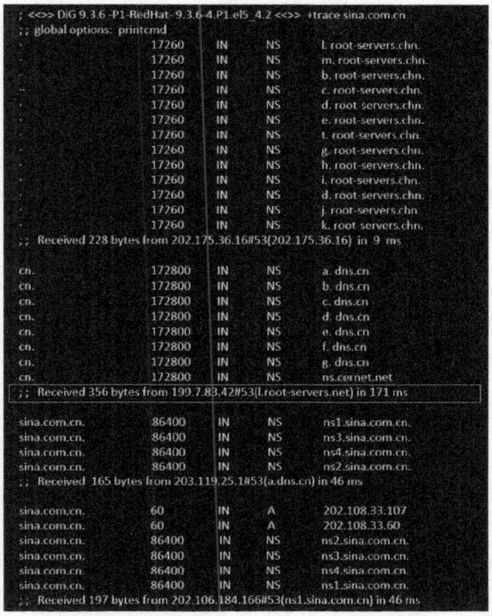

```
; <<>> DiG 9.3.6 -P1-RedHat- 9.3.6-4.P1.el5_4.2 <<>> +trace sina.com.cn
;; global options:  printcmd
                        17260       IN      NS      l. root-servers.chn.
                        17260       IN      NS      m. root-servers.chn.
                        17260       IN      NS      b. root-servers.chn.
                        17260       IN      NS      c. root-servers.chn.
                        17260       IN      NS      d. root-servers.chn.
                        17260       IN      NS      e. root-servers.chn.
                        17260       IN      NS      f. root-servers.chn.
                        17260       IN      NS      g. root-servers.chn.
                        17260       IN      NS      h. root-servers.chn.
                        17260       IN      NS      i. root-servers.chn.
                        17260       IN      NS      d. root-servers.chn.
                        17260       IN      NS      j. root-servers.chn.
                        17260       IN      NS      k. root-servers.chn.
;; Received 228 bytes from 202.175.36.16#53(202.175.36.16) in 9 ms

cn.                     172800      IN      NS      a. dns.cn
cn.                     172800      IN      NS      b. dns.cn
cn.                     172800      IN      NS      c. dns.cn
cn.                     172800      IN      NS      d. dns.cn
cn.                     172800      IN      NS      e. dns.cn
cn.                     172800      IN      NS      f. dns.cn
cn.                     172800      IN      NS      g. dns.cn
cn.                     172800      IN      NS      ns.cernet.net
;; Received 356 bytes from 199.7.83.42#53(l.root-servers.net) in 171 ms

sina.com.cn.            86400       IN      NS      ns1.sina.com.cn.
sina.com.cn.            86400       IN      NS      ns3.sina.com.cn.
sina.com.cn.            86400       IN      NS      ns4.sina.com.cn.
sina.com.cn.            86400       IN      NS      ns2.sina.com.cn.
;; Received 165 bytes from 203.119.25.1#53(a.dns.cn) in 46 ms

sina.com.cn.            60          IN      A       202.108.33.107
sina.com.cn.            60          IN      A       202.108.33.60
sina.com.cn.            86400       IN      NS      ns2.sina.com.cn.
sina.com.cn.            86400       IN      NS      ns3.sina.com.cn.
sina.com.cn.            86400       IN      NS      ns4.sina.com.cn.
sina.com.cn.            86400       IN      NS      ns1.sina.com.cn.
;; Received 197 bytes from 202.106.184.166#53(ns1.sina.com.cn) in 46 ms
```

图 3.11　第三次查询显示 IPv4 的 13 个根服务器命中 L 根服务器

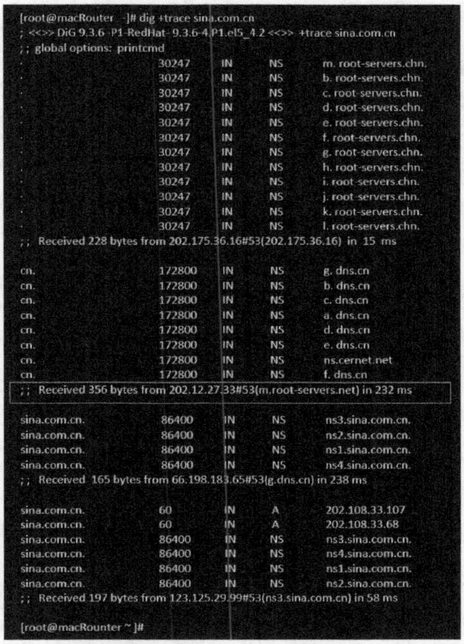

```
[root@macRouter ~]# dig +trace sina.com.cn
; <<>> DiG 9.3.6 -P1-RedHat- 9.3.6-4.P1.el5_4.2 <<>> +trace sina.com.cn
;; global options:  printcmd
                        30247       IN      NS      m. root-servers.chn.
                        30247       IN      NS      b. root-servers.chn.
                        30247       IN      NS      c. root-servers.chn.
                        30247       IN      NS      d. root-servers.chn.
                        30247       IN      NS      e. root-servers.chn.
                        30247       IN      NS      f. root-servers.chn.
                        30247       IN      NS      g. root-servers.chn.
                        30247       IN      NS      h. root-servers.chn.
                        30247       IN      NS      i. root-servers.chn.
                        30247       IN      NS      j. root-servers.chn.
                        30247       IN      NS      k. root-servers.chn.
                        30247       IN      NS      l. root-servers.chn.
;; Received 228 bytes from 202.175.36.16#53(202.175.36.16) in 15 ms

cn.                     172800      IN      NS      g. dns.cn
cn.                     172800      IN      NS      b. dns.cn
cn.                     172800      IN      NS      c. dns.cn
cn.                     172800      IN      NS      a. dns.cn
cn.                     172800      IN      NS      d. dns.cn
cn.                     172800      IN      NS      e. dns.cn
cn.                     172800      IN      NS      ns.cernet.net
cn.                     172800      IN      NS      f. dns.cn
;; Received 356 bytes from 202.12.27.33#53(m.root-servers.net) in 232 ms

sina.com.cn.            86400       IN      NS      ns3.sina.com.cn.
sina.com.cn.            86400       IN      NS      ns2.sina.com.cn.
sina.com.cn.            86400       IN      NS      ns1.sina.com.cn.
sina.com.cn.            86400       IN      NS      ns4.sina.com.cn.
;; Received 165 bytes from 66.198.183.65#53(g.dns.cn) in 238 ms

sina.com.cn.            60          IN      A       202.108.33.107
sina.com.cn.            60          IN      A       202.108.33.68
sina.com.cn.            86400       IN      NS      ns3.sina.com.cn.
sina.com.cn.            86400       IN      NS      ns4.sina.com.cn.
sina.com.cn.            86400       IN      NS      ns1.sina.com.cn.
sina.com.cn.            86400       IN      NS      ns2.sina.com.cn.
;; Received 197 bytes from 123.125.29.99#53(ns3.sina.com.cn) in 58 ms

[root@macRouter ~]#
```

图 3.12　第四次查询显示 IPv4 的 13 个根服务器命中 M 根服务器

3.2 IPV9 与 IPv4 域名体系兼容测试

未来网络 IPV9 与现有 Internet 是兼容的，在普通用户终端只需要少量设置即可实现两个网络系统域名互访，极大地减少了终端用户的投入，保护了前期研究者的劳动成果，节省了大量的资源。两个网络系统域名测试内容及方法如表 3.5 所示，测试结果如图 3.13 至图 3.16 所示。

表 3.5 IPv4 地址解析测试参数

测试项目	测试内容	测试方法	内容验证
IPv4 域名与 IPV9 域名体系兼容性	www.baidu.com.cn 域名解析过程	使用 dig9 测试 www.baidu.com.cn 域名解析过程输入下列命令： dig9+tracewww.baidu.com.cn +noedns +nodnssec dig9+trace www.shonline.com.cn +noedns +nodnssec dig9+trace www.sina.com.cn +noedns +nodnssec	显示 www.baidu.com.cn、www.shonline.com.cn、www.sina.com.cn 对应的 IP 地址

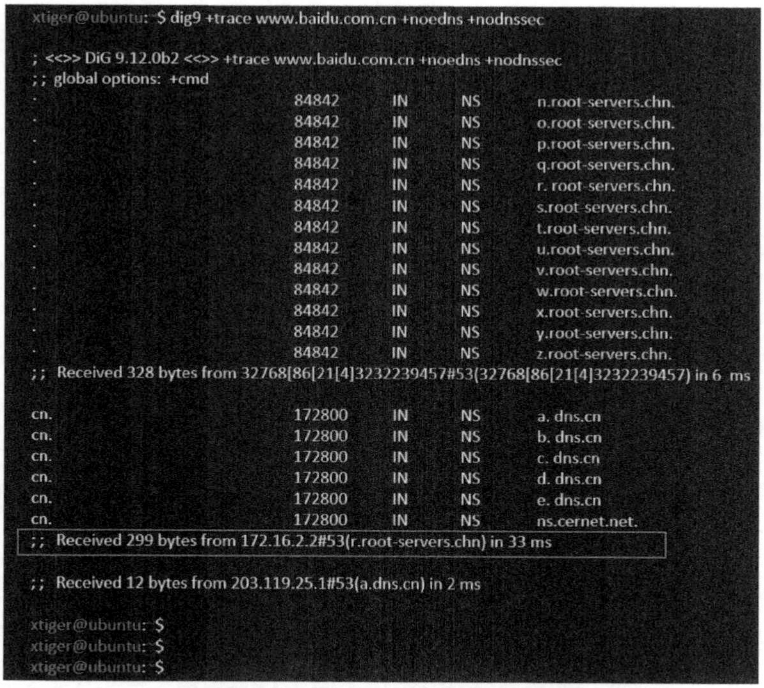

图 3.13 IPV9 的 13 个根服务器 baidu.com.cn 命中 R 根服务器

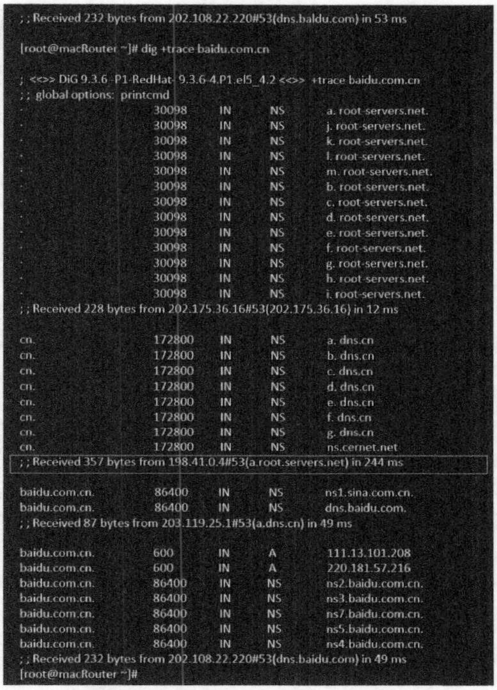

```
;; Received 232 bytes from 202.108.22.220#53(dns.baidu.com) in 53 ms

[root@macRouter ~]# dig +trace baidu.com.cn

; <<>> DiG 9.3.6-P1-RedHat-9.3.6-4.P1.el5_4.2 <<>> +trace baidu.com.cn
;; global options: printcmd
.                       30098   IN      NS      a.root-servers.net.
.                       30098   IN      NS      j.root-servers.net.
.                       30098   IN      NS      k.root-servers.net.
.                       30098   IN      NS      l.root-servers.net.
.                       30098   IN      NS      m.root-servers.net.
.                       30098   IN      NS      b.root-servers.net.
.                       30098   IN      NS      c.root-servers.net.
.                       30098   IN      NS      d.root-servers.net.
.                       30098   IN      NS      e.root-servers.net.
.                       30098   IN      NS      f.root-servers.net.
.                       30098   IN      NS      g.root-servers.net.
.                       30098   IN      NS      h.root-servers.net.
.                       30098   IN      NS      i.root-servers.net.
;; Received 228 bytes from 202.175.36.16#53(202.175.36.16) in 12 ms

cn.                     172800  IN      NS      a.dns.cn
cn.                     172800  IN      NS      b.dns.cn
cn.                     172800  IN      NS      c.dns.cn
cn.                     172800  IN      NS      d.dns.cn
cn.                     172800  IN      NS      e.dns.cn
cn.                     172800  IN      NS      f.dns.cn
cn.                     172800  IN      NS      g.dns.cn
cn.                     172800  IN      NS      ns.cernet.net
;; Received 357 bytes from 198.41.0.4#53(a.root-servers.net) in 244 ms

baidu.com.cn.           86400   IN      NS      ns1.sina.com.cn.
baidu.com.cn.           86400   IN      NS      dns.baidu.com.
;; Received 87 bytes from 203.119.25.1#53(a.dns.cn) in 49 ms

baidu.com.cn.           600     IN      A       111.13.101.208
baidu.com.cn.           600     IN      A       220.181.57.216
baidu.com.cn.           86400   IN      NS      ns2.baidu.com.cn.
baidu.com.cn.           86400   IN      NS      ns3.baidu.com.cn.
baidu.com.cn.           86400   IN      NS      ns7.baidu.com.cn.
baidu.com.cn.           86400   IN      NS      ns5.baidu.com.cn.
baidu.com.cn.           86400   IN      NS      ns4.baidu.com.cn.
;; Received 232 bytes from 202.108.22.220#53(dns.baidu.com) in 49 ms
[root@macRouter ~]#
```

图 3.14   IPv4 的 13 个根服务器 baidu.com.cn 命中 A 根服务器

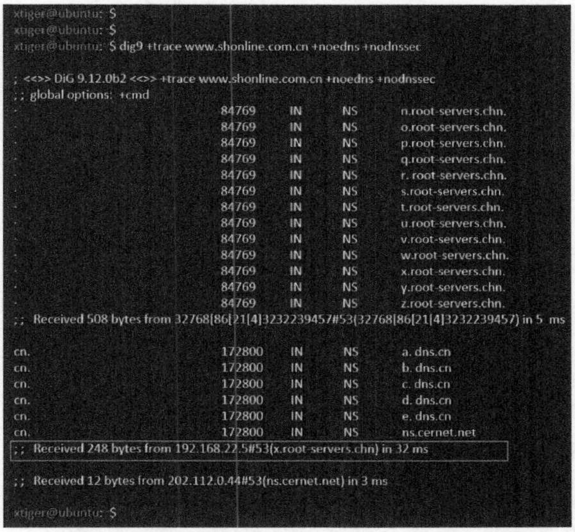

```
xtiger@ubuntu:~$
xtiger@ubuntu:~$
xtiger@ubuntu:~$ dig9 +trace www.shonline.com.cn +noedns +nodnssec

; <<>> DiG 9.12.0b2 <<>> +trace www.shonline.com.cn +noedns +nodnssec
;; global options: +cmd
.                       84769   IN      NS      n.root-servers.chn.
.                       84769   IN      NS      o.root-servers.chn.
.                       84769   IN      NS      p.root-servers.chn.
.                       84769   IN      NS      q.root-servers.chn.
.                       84769   IN      NS      r.root-servers.chn.
.                       84769   IN      NS      s.root-servers.chn.
.                       84769   IN      NS      t.root-servers.chn.
.                       84769   IN      NS      u.root-servers.chn.
.                       84769   IN      NS      v.root-servers.chn.
.                       84769   IN      NS      w.root-servers.chn.
.                       84769   IN      NS      x.root-servers.chn.
.                       84769   IN      NS      y.root-servers.chn.
.                       84769   IN      NS      z.root-servers.chn.
;; Received 508 bytes from 32768[86|21|4]3232239457#53(32768[86|21|4]3232239457) in 5 ms

cn.                     172800  IN      NS      a.dns.cn
cn.                     172800  IN      NS      b.dns.cn
cn.                     172800  IN      NS      c.dns.cn
cn.                     172800  IN      NS      d.dns.cn
cn.                     172800  IN      NS      e.dns.cn
cn.                     172800  IN      NS      ns.cernet.net
;; Received 248 bytes from 192.168.22.5#53(x.root-servers.chn) in 32 ms

;; Received 12 bytes from 202.112.0.44#53(ns.cernet.net) in 3 ms

xtiger@ubuntu:~$
```

图 3.15   IPV9 的 13 个根服务器 shonline.com.cn 命中 X 根服务器

图 3.16　IPV9 的 13 个根服务器 sina.com.cn 命中 R 根服务器

第4章 IPV9 数据包报文测试

数据报是通过网络传输数据的基本单元，包含一个报头（Header）和数据本身，其中，报头描述了数据的目的地及与其他数据之间的关系。数据报是完备的、独立的数据实体，携带从源计算机到目的计算机的信息，该信息不依赖以前在源计算机和目的计算机及传输网络间交换。

本章对 IPV9 数据报进行测试，将针对 IPV9 协议中的 TCP、UDP 协议的数据报文进行详细分析。

4.1 TCP9 报文测试

数据报（IP Datagram）也称为 IP 数据报，是网络层的协议，是 TCP/IP 协议簇的核心技术，它是网络传输的数据基本单元，包含一个报头（Header）和数据本身，其中报头描述了数据的目的地及与其他数据之间的关系。数据报是完备的、独立的数据实体，该实体携带从源计算机到目的计算机的信息，该信息不依赖以前在源计算机和目的计算机及传输网络间交换。

4.1.1 以太帧报文分析

在 TCP9 报文的前 14 个字节为以太帧部分，包含了该报文的源地址与目的地址的 MAC 地址及协议类型。其中，前 6 个字节为源 MAC 地址，7 ～ 12 字节为目的 MAC 地址，13 ～ 14 两个字节为该报文的协议类型，在该 TCP9 报文中为 0x89ee 代表 IPV9 协议类型。TCP9 报文以太帧部分如图 4.1 所示。

小结：从以上对 TCP9 报文以太帧的分析可以看出，在 IPV9 协议中的以太帧报文格式与 IPv4 的格式一致。

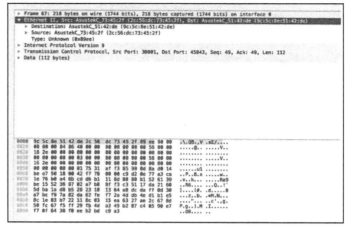

图 4.1　TCP9 报文以太帧部分截图

4.1.2　IP 数据包报文分析

在图 4.1 的第 14 字节的以太帧后面为 TCP9 报文的 IP 数据包部分，包括 IP 数据包报文首部与 TCP 报文部分。其中，前 72 个字节为 IP 数据包报文的首部，包含的内容有协议类型、源 IPV9 地址及目的 IPV9 地址、标识、flow flag、报文长度、next hdr、跳限。TCP9 报文 IP 数据部分如图 4.2 所示。

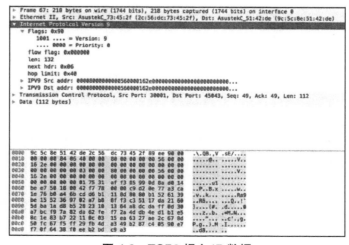

图 4.2　TCP9 报文 IP 数据

在图 4.2 中，第 1 个字节为标识 Flags，前 4 字节为 IP 协议实现的版本号，在 TCP9 中的版本为 IPV9，报文中其对应的为 0x9；后四字节为优先级，在 TCP9 报文中设为 0x0。第 2～4 个字节为 flowflag，在该报文中为 0x000000。第 5～6 字节为数据报文的总长度，该报文的长度为 132 个字节。第 7 个字节为 next hdr，在本报文中为 0x60；第 8 个字节为限跳 hoplimit，本报文中为 0x40。第 9～72 个字节中的前 32 个字节和后 32 个字节分别为该数据报文的源 IPV9 地址及目的 IPV9 地址。

与 IPv4 的 IP 数据包报文首部格式相比，除了包括协议版本号、源地址及目的地址外，其他内容基本不一致。

IPV9 版本号及地址长度与 IPv4、IPv6 的比较如表 4.1 所示。

表 4.1　IPv4、IPv6 与 IPV9 版本号以及地址长度

版本	版本号	地址长度
IPv4	0x45	32b
IPv6	0x60	128b
IPV9	0x90	256b

4.1.3　TCP9 报文首部分析

IP 数据包报文首部部分后面的报文内容为 TCP9 报文首部部分及数据部分，TCP9 报文部分如图 4.3 选中部分所示。

TCP9 首部共 20 个字节，前 4 个字节为源端口和目的端口号，本报文的源端口和目的端口分别为 0x7531（30001）和 0xaff3（45043）；第 5～12 个字节为序号，本报文的序号和确认序号为 0x85990d8a（39）和 0xd014bee7（10）；第 13 个字节为 TCP9 首部长度，本报文 TCP9 的长度为 0x50（112）个字节；第 14 个字节为 TCP9 的标识 Flag，其基本格式与 IPv4 相同，该报文的 Flag 为 0x018；第 15～16 个字节为窗口大小，本报文为 0x0042（66）个字节；第 17～18 个字节为校验和，本报文为 0xf778；第 19～20 个字节为紧急指针，本报文为 0x00。由以上分析并与 IPv4 报文对应的相同内容部分进行比较，TCP9 报文首部内容格式与 IPv4 协议中 TCP 报文的格式一致。

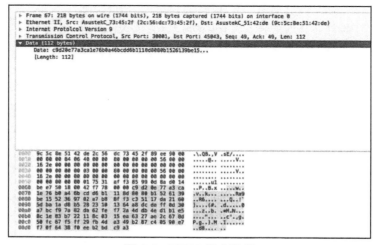

图 4.3　TCP9 报文首部截图

4.1.4　TCP9 报文数据分析

在 TCP9 报文首部之后为数据部分，TCP9 报文数据部分如图 4.4 选中部分所示。

图 4.4　TCP9 报文数据

4.2　UDP9 报文测试

UDP9 报文的内容为 DNS 请求与响应。

4.2.1　UDP9 请求报文测试

在 UDP9 报文的首部部分共 20 个字节，前 4 个字节分别对应本报文的源端口和目的端口，在本报文中对应的是 0xa2ce（41678）和 0x0035（53）；第 5～6 个字节为本 UDP9 报文的长度，本报文对应的长度为 0x0027（39）；第 7～8 个字节为校验和，本报文的校验和为 0xd7fc。UDP9 请求报文首部部分如图 4.5 选中部分所示。

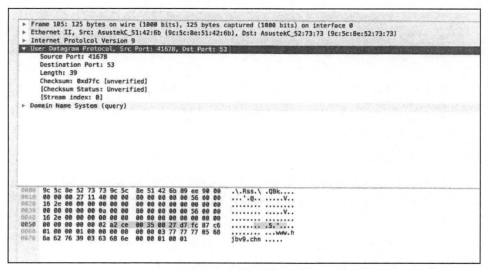

图 4.5　UDP9 报文首部

由以上分析并与 IPv4DNS 报文对应的相同内容部分相比较，UDP9 报文首部内容格式与 IPv4 协议中 DNS 报文的格式一致。

4.2.2　UDP9 请求报文请求部分测试

UDP9 请求报文请求部分如图 4.6 选中部分所示。

```
▶ Frame 105: 125 bytes on wire (1000 bits), 125 bytes captured (1000 bits) on interface 0
▶ Ethernet II, Src: AsustekC_51:42:6b (9c:5c:8e:51:42:6b), Dst: AsustekC_52:73:73 (9c:5c:8e:52:73:73)
▶ Internet Protolcol Version 9
▶ User Datagram Protocol, Src Port: 41678, Dst Port: 53
▼ Domain Name System (query)
      [Response In: 107]
      Transaction ID: 0x87c6
   ▶ Flags: 0x0100 Standard query
      Questions: 1
      Answer RRs: 0
      Authority RRs: 0
      Additional RRs: 0
   ▼ Queries
      ▼ www.hjbv9.chn: type A, class IN
          Name: www.hjbv9.chn
          [Name Length: 13]
          [Label Count: 3]
          Type: A (Host Address) (1)
          Class: IN (0x0001)

0000  9c 5c 8e 52 73 73 9c 5c  8e 51 42 6b 89 ee 90 00   .\.Rss.\ .QBk....
0010  00 00 00 27 11 40 00 00  00 00 00 00 00 56 00 00   ...'.@.. .....V..
0020  16 2e 00 00 00 00 00 00  00 00 00 00 00 56 00 00   ........ .....V..
0030  00 00 00 00 00 0a 00 00  00 00 00 00 00 56 00 00   ........ .....V..
0040  16 2e 00 00 00 00 00 00  00 00 00 00 00 00 00 00   ........ ........
0050  00 00 00 00 00 02 a2 ce  00 35 00 27 d7 fc 87 c6   ........ .5.'....
0060  01 00 00 01 00 00 00 00  00 00 03 77 77 77 05 68   ........ ...www.h
0070  6a 62 76 39 03 63 68 6e  00 00 01 00 01            jbv9.chn .....
```

图 4.6 UDP9 请求报文截图

在 UDP9 请求报文首部后的报文内容为域名解析请求部分，前两个字节为 DNSID 号，本报文为 0x87c6；第 3 ～ 4 个字节为标识，在本报文的标识中表明本报文为请求报文；第 5 ～ 6 个字节为请求问题计数，在本报文中请求的问题为 0x0001 个；第 7 ～ 8 字节为资源记录数，在本报文中为 0x0000；第 9 ～ 10 个字节为授权资源记录数，在本报文中为 0x0000；第 11 ～ 12 个字节为额外资源记录数，在本报文中为 0x0000。

在以上相关一般格式后为请求问题，包括查询域名、域名长度、域名类型及地址类型。在本报文中查询的域名为 www.hjbv9.chn，域名长度为 13，域名类型为 A（主机地址），地址类型为 IN（因特网地址）。

由以上分析并与 IPv4DNS 报文对应的相同内容部分相比较，UDP9 报文请求部分内容格式与 IPv4 协议中 DNS 报文的格式一致。

4.2.3 UDP9 响应报文响应部分测试

在 UDP9 响应报文中，响应报文部分之前的报文内容格式与请求报文一致。UDP9 请求报文请求部分如图 4.7 选中部分所示。

与 UDP 请求报文相对应的 UDP9 响应报文的响应部分如图 4.7 所示，在该部分包含了一个权威域名服务器，包括名称、域名类型、数据长度、域名解析服务器、序列号等域名解析的相关信息。由以上分析并与 IPv4DNS 报文对应的相同内容部分相比较，UDP9 报文响应部分内容格式与 IPv4 协议中 DNS 报文的格式一致。

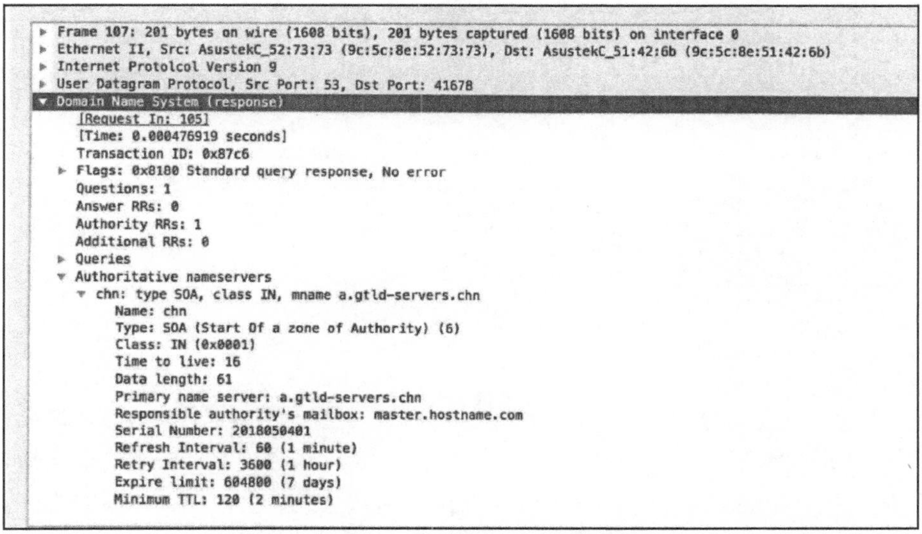

```
► Frame 107: 201 bytes on wire (1608 bits), 201 bytes captured (1608 bits) on interface 0
► Ethernet II, Src: AsustekC_52:73:73 (9c:5c:8e:52:73:73), Dst: AsustekC_51:42:6b (9c:5c:8e:51:42:6b)
► Internet Protolcol Version 9
► User Datagram Protocol, Src Port: 53, Dst Port: 41678
▼ Domain Name System (response)
    [Request In: 105]
    [Time: 0.000476919 seconds]
    Transaction ID: 0x87c6
  ► Flags: 0x8180 Standard query response, No error
    Questions: 1
    Answer RRs: 0
    Authority RRs: 1
    Additional RRs: 0
  ► Queries
  ▼ Authoritative nameservers
    ▼ chn: type SOA, class IN, mname a.gtld-servers.chn
        Name: chn
        Type: SOA (Start Of a zone of Authority) (6)
        Class: IN (0x0001)
        Time to live: 16
        Data length: 61
        Primary name server: a.gtld-servers.chn
        Responsible authority's mailbox: master.hostname.com
        Serial Number: 2018050401
        Refresh Interval: 60 (1 minute)
        Retry Interval: 3600 (1 hour)
        Expire limit: 604800 (7 days)
        Minimum TTL: 120 (2 minutes)
```

图 4.7　UDP9 响应报文响应部分截图

4.3　9 over 4 TCP/ICMP9 测试

Internet 控制报文协议（Internet Control Message Protocol，ICMP）是 TCP/IP 协议簇的一个子协议，用于在 IP 主机、路由器之间传递控制消息。控制消息是指网络通不通、主机是否可达、路由是否可用等网络本身的消息。这些控制消息虽然并不传输用户数据，但对于用户数据的传递发挥着重要作用。

ICMP 使用 IP 的基本支持，它是更高级别的协议，同时是 IP 的组成部分，须由每个 IP 模块实现。ICMP9 的报文截图如图 4.8 所示。

将 ICMP9 的报文截图与 TCP9 的报文相比较，ICMP9 的报文首部之前的内容，即以太帧与 IP 数据包报文格式一致，在 IP 数据包报文之后的内容被加密，无法看出报文内容。

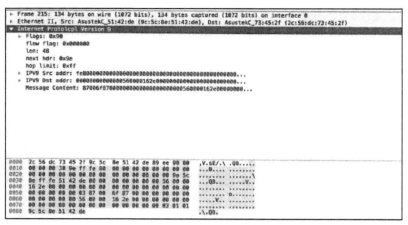

图 4.8　ICMP9 报文截图

　　9 over 4 报文在 9 over 4 链路上进行传输。9 over 4 协议即为 IPV9 数据作为 IPv4 报文的数据域，利用 IPv4 公网隧道传输。从两种 9 over 4 的报文格式来看，9 over 4 TCP9 和 9 over 4 ICMP9 报文格式一致，为 9 over 4 报文格式，如图 4.9 所示。

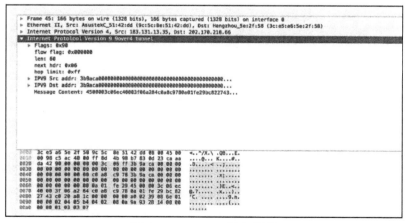

图 4.9　9 over 4 报文截图

　　由图 4.9 分析，与 IPv4 报文不同的是，其数据部分为 TCP9/ICMP9 报文，且该报文承载的 TCP9/ICMP9 报文中包括了 IPV9 报文的 IP 数据包的首部，在首部之后则为 IPV9 报文内容，由于被加密，无法获取其具体内容。

第 5 章　数字域名解析测试

十进制网络数字域名系统（Digital Domain Name System，DDNS）将 0 ～ 9 10 个数字引入域名解析系统，并将地理位置信息加入 IP 地址中。十进制网络数字域名最大的优点是可以直接路由，该技术让路由器通过路由规则直接寻找到目标网络终端，无需域名解析等转换过程，从而节省时间，快速建立连接，同时大大降低了网络中各转发节点路由表的规模，节省了巨大的时间和空间开销。

5.1　IPV9 数字域名解析测试

IPV9 的数字域名系统已经作为中国电子行业标准《数字域名规范》（SJ/T 11271—2002），由工业和信息化部在 2002 年 7 月 31 日发布并同时实施。其中，规定了数字域名的结构、语法及数字域名与网络地址（主要是 IP 地址）之间的映射机制，同时，规定了数字域名标准的实施要求。现在对数字域名解析过程进行测试，测试参数如表 5.1 所示。

表 5.1　数字域名解析过程测试参数

测试项目	测试内容	测试方法	内容验证
IPV9 数字域名地址解析	IPV9 数字域名地址解析过程	使用 dig9 测试数字域名对应的 IPV9 地址 输入下列命令： dig9+traceAAAAAAAA0048602162906873+noedns +nodnssec	显示数字域名 0048602162906873 对应的 IPV9 地址和域名解析过程

测试结果如图 5.1 所示。

```
xtiger@ubuntu: $ dig9 +trace AAAAAAAA 0048602162906873 +noedns +nodnssec

; <<>> DiG 9.12.0b2 <<>> +trace AAAAAAAA 0048602162906873 +noedns +nodnssec
;; global options: +cmd
.                              85746      IN      NS     n.root-servers.chn.
.                              85746      IN      NS     o.root-servers.chn.
.                              85746      IN      NS     q.root-servers.chn.
.                              85746      IN      NS     r. root-servers.chn.
.                              85746      IN      NS     s.root-servers.chn.
.                              85746      IN      NS     t.root-servers.chn.
.                              85746      IN      NS     u.root-servers.chn.
.                              85746      IN      NS     v.root-servers.chn.
.                              85746      IN      NS     w.root-servers.chn.
.                              85746      IN      NS     x.root-servers.chn.
.                              85746      IN      NS     y.root-servers.chn.
.                              85746      IN      NS     z.root-servers.chn.
;; Received 240 bytes from 32768[86[21[4]3232239457]#53(32768[86[21[4]3232239457]) in 1649 ms

004.                           172800     IN      NS     a.gtld-servers.chn.
;; Received 85 bytes from 192.168.15.36#53(y.root-servers.chn) in 5 ms

0048602162906873.              120        IN      AAAAAAAA 32768 [86[21[4]199
004.                           86400      IN      NS     a.gtld-servers.chn.
004.                           86400      IN      NS     b.gtld-servers.chn.
;; Received 249 bytes from 192.168.16.142#53(a.gtld-servers.chn) in 122 ms

xtiger@ubuntu: $
```

图 5.1　IPV9 的 13 个根服务器查询显示，数字域名由 Y 根服务器解析

从图 5.1 可以看出，数字域名 0048602162906873 解析的 IPV9 地址为 32768[86[21[4] 199。

5.2　IPv4 地址数字域名解析测试

IPV9 的数字域名系统可以将数字域名解析为对应的 IPv4 地址，测试参数如表 5.2 所示。

表 5.2　IPv4 地址解析测试参数

测试项目	测试内容	测试方法	内容验证
数字域名 IPv4 地址 解析	IPv4 数字 域名地址 解析过程	使用 dig9 测试数字域名对应的 IPv4 地址 输入下列命令： dig9+trace0048602162906873 +noedns +nodnssec	显示数字域名 0048602162906873 对 应的 IPv4 地址和域名 解析过程

测试结果如图 5.2 所示。

```
004.                        86400        IN       NS        a.gtld-servers.chn.
004.                        86400        IN       NS        b.gtld-servers.chn.
; ; Received 249 bytes from 192.168.16.142#53(a.gtld-servers.chn) in 122 ms

xtiger@ubuntu: $ dig9 +trace 0048602162906873 +noedns +nodnssec

; <<>> DiG 9.12.0b2 <<>> +trace 0048602162906873 +noedns +nodnssec
; ; global options: +cmd
.                           85578        IN       NS        n.root-servers.chn.
.                           85578        IN       NS        o.root-servers.chn.
.                           85578        IN       NS        p.root-servers.chn.
.                           85578        IN       NS        q.root-servers.chn.
.                           85578        IN       NS        r. root-servers.chn.
.                           85578        IN       NS        s.root-servers.chn.
.                           85578        IN       NS        t.root-servers.chn.
.                           85578        IN       NS        u.root-servers.chn.
.                           85578        IN       NS        v.root-servers.chn.
.                           85578        IN       NS        w.root-servers.chn.
.                           85578        IN       NS        x.root-servers.chn.
.                           85578        IN       NS        y.root-servers.chn.
.                           85578        IN       NS        z.root-servers.chn.
; ; Received 240 bytes from 32768[86[21[4]3232239457#53(32768[86[21[4]3232239457) in 5 ms

.                           86400        IN       SOA       p. root-servers.chn. webmaster.root-
servers.chn. 2018033001 14400 7200 12096000 604800
; ; Received 97 bytes from 192.168.22.3#53(v.root-servers.ch) in 47 ms

xtiger@ubuntu: $
```

图 5.2　IPV9 的 13 个根服务器查询显示，完成数字域名解析

从图 5.2 可以看出，数字域名 0048602162906873 解析的 IPV9 地址为 32768[86[21[4] 3232239457，解析的 IPv4 地址为 192.168.22.3。

5.3　IPV9 反向地址域名解析测试

所谓反向域名解析，是指从 IP 地址到域名的映射。在域名系统中，一个 IP 地址可以对应多个域名，因此，从 IP 出发去找域名，相对于一般的域名解析来说要难上很多。要想做好反向域名解析，首先要有固定的 IP 地址及可用域名。当正向域名解析完成后，与接入商（ISP）申请做反向地址解析，能够最大限度地帮助涉外邮件的使用，减少被国外组织退信的可能性，那些没有发布反向域名解析系统的信息更容易发生邮件被退回的情形，测试参数如表 5.3 所示。

表 5.3　IPV9 地址反向域名解析测试参数

测试项目	测试内容	测试方法	内容验证
IPV9 反向域名解析	IPV9 地址反向解析过程	使用 dig9 进行 IPV9 地址反向域名解析测试输入下列命令： dig9+trace –x 32768[86[21[4] 199 +noedns + nodnssec	显示对应的域名 em777

测试结果如图 5.3 所示。

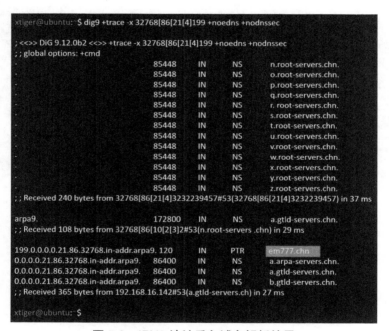

图 5.3　IPV9 地址反向域名解析结果

从图 5.3 中显示，IPV9 地址 32768[86[21[4] 199 反向域名解析为域名 em777。

5.4　IPv4 地址反向域名解析测试

IPv4 地址反向域名解析测试参数表，如表 5.4 所示。

表 5.4　IPv4 地址反向域名解析测试参数

测试项目	测试内容	测试方法	内容验证
IPv4 反向域名解析	IPv4 地址反向解析过程	使用 dig9 进行 IPv4 地址反向域名解析测试输入下列命令： dig9+trace −x 202.170.218.91 +noedns +nodnssec	显示对应的域名 em777

测试结果如图 5.4 所示。

```
xtiger@ubuntu:  $ dig9 +trace -x 202.170.218.91 +noedns +nodnssec

; <<>> DiG 9.12.0b2 <<>> +trace -x 202.170.218.91 +noedns +nodnssec
; ; global options: +cmd
.                                 84400      IN      NS        n.root-servers.chn.
.                                 84400      IN      NS        o.root-servers.chn.
.                                 84400      IN      NS        p.root-servers.chn.
.                                 84400      IN      NS        q.root-servers.chn.
.                                 84400      IN      NS        r. root-servers.chn.
.                                 84400      IN      NS        s.root-servers.chn.
.                                 84400      IN      NS        t.root-servers.chn.
.                                 84400      IN      NS        u.root-servers.chn.
.                                 84400      IN      NS        v.root-servers.chn.
.                                 84400      IN      NS        w.root-servers.chn.
.                                 84400      IN      NS        x.root-servers.chn.
.                                 84400      IN      NS        y.root-servers.chn.
.                                 84400      IN      NS        z.root-servers.chn.
; ; Received 506 bytes from 32768[86[21[4]3232239457#53(32768[86[21[4]3232239457) in 471 ms

202.in-addr.arpa.                 86400      IN      NS        a.arpa-servers. chn.
; ; Received 109 bytes from 32768[86[10[3[3]2#53(q.root-servers .chn) in 29 ms

91.218.170.202.in-addr. arpa.     120        IN      PTR       em777.chn.
218.170.202.in-addr.arpa.         86400      IN      NS        a.arpa-servers.chn.
218.170.202.in-addr.arpa.         86400      IN      NS        a.gtld-servers.chn.
218.170.202.in-addr.arpa.         86400      IN      NS        b.gtld-servers.chn.
;; Received 182 bytes from 172.16.3.2#53(a.arpa-servers.ch) in 187 ms
xtiger@ubuntu:  $
```

图 5.4　显示 IPV9 的 13 个根服务器，完成 IPv4 地址反向域名解析

5.5　域名管理过程测试

环境：便携工业级 IPV9 客户端，IPV9 地址为：32768[86[10[4]1000/96，网关 [86[10[4]1，只有 IPV9 地址，无 IPv4、IPv6 地址。

5.5.1 添加域名

IPV9 域名记录的添加配置如表 5.5 所示。

表 5.5　IPV9 域名记录的配置

测试项目	测试内容	测试方法	内容验证
IPV9 域名 A 记录的添加	新增域名 IPV9 地址 A 记录	使用浏览器登录域名管理系统 http://192.168.15.32/namedmanager/ 在域名 CHN 中添加域名 test009 的 A 记录 192.168.0.111，保存。查看域名服务器，待到同步完成后，使用 nslookup9 进行测试； 输入下列命令： [输入]server 32768[86[10[7[3]2 [输入]test001.chn	nslookup9 显示 test009.chn 对应的 IP 地址 192.168.0.111
IPV9 域名 A9 记录的添加	测试新增域名 IPV9 地址 A9 记录	使用浏览器登录域名管理系统 http://192.168.15.32 /namedmanager/ 在域名 CHN 中添加域名 test001 的 A9 记录 8000000[6]111，保存。查看域名服务器，待到同步完成后， 使用 nslookup9 进行测试	nslookup9 显示 test001.chn 对应的 IPV9 地址 8000000[6]111

测试结果如图 5.5 所示。

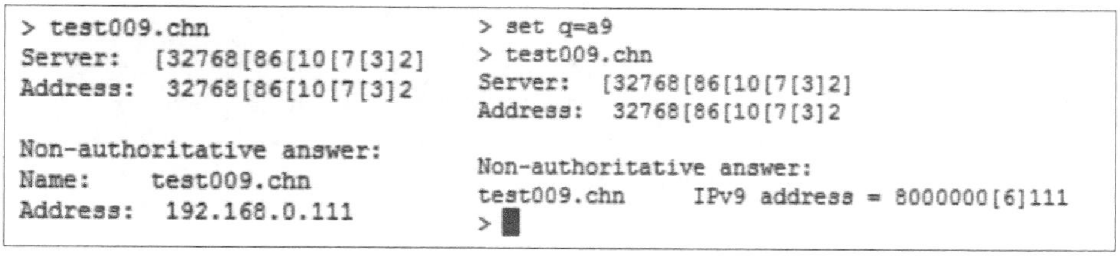

```
> test009.chn                          > set q=a9
Server:   [32768[86[10[7[3]2           > test009.chn
Address:  32768[86[10[7[3]2            Server:   [32768[86[10[7[3]2
                                       Address:  32768[86[10[7[3]2
Non-authoritative answer:
Name:     test009.chn                  Non-authoritative answer:
Address:  192.168.0.111                test009.chn      IPv9 address = 8000000[6]111
                                       >█
```

图 5.5　域名记录添加测试结果

5.5.2 添加数字域名

添加数字域名配置如表 5.6 所示。

表 5.6　添加数字域名配置

测试项目	测试内容	测试方法	内容验证
IPV9 域名 A 记录的添加	新增域名 IPV9 地址 A 记录	使用浏览器登录域名管理系统 http://192.168.15.32/namedmanager/ 在域名 004 中添加域名 004990990 的 A 记录 192.168.0.112，保存。查看域名服务器，待到同步完成后，使用 nslookup9 进行测试； 输入下列命令： [输入] server32768[86[10[7[3]2 [输入] 004990990	nslookup9 显示 004990990 对应的 IPv4 地址 192.168.0.112
IPV9 域名 A9 记录的添加	测试新增域名 IPV9 地址 A9 记录	使用浏览器登录域名管理系统 http://192.168.15.32/namedmanager/ 在域名 004 中添加域名 004990990 的 A9 记录 8000000[6]112，保存。 查看域名服务器，待到同步完成后，使用 nslookup9 进行测试； [输入] server 32768[86[10[7[3]2 [输入] set q=a9 [输入] 004990990	nslookup9 显示 004990990 对应的 IPV9 地址 8000000[6]112

测试结果如图 5.6 所示。

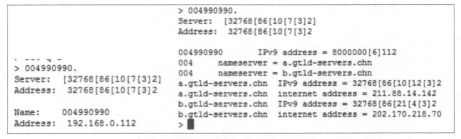

图 5.6　数字域名添加测试结果

5.5.3　添加反向域名解析

反向域名解析设置如表 5.7 所示。

表 5.7　反向域名解析设置

测试项目	测试内容	测试方法	内容验证
IPV9 域名 A 记录的反向解析	新增域名 IPV9 地址的反向解析	使用浏览器登录域名管理系统 http://192.168.15.32/namedmanager/ 在域名 CHN 中添加域名 test009 的 A 记录，选中该条目的反向解析，保存。查看域名服务器，待到同步完成后，使用 nslookup9 进行测试； 输入下列命令： [输入] server 32768[86[10[7[3]2 [输入] set q=ptr [输入] 192.168.0.111	nslookup9 显示 192.168.0.111 对应的域名 test009.chn
IPV9 域名 A9 记录的反向解析	测试 IPV9 地址 A9 记录的反向解析	使用浏览器登录域名管理系统 http://192.168.15.32/namedmanager/ 在域名 CHN 中添加域名 test009 的 A9 记录选中该条目的反向解析，保存。查看域名服务器，待到同步完成后，使用 nslookup9 进行测试； [输入] server32768[86[10[7[3]2 [输入] 8000000[6]111	nslookup9 显示 8000000[6]111 对应的域名 test009.chn

测试结果如图 5.7 所示。

```
> server 32768[86[10[7[3]2
Default Server:  [32768[86[10[7[3]2]
Address:  32768[86[10[7[3]2

> set q=ptr
> 192.168.0.111
Server:  [32768[86[10[7[3]2]
Address:  32768[86[10[7[3]2

111.0.168.192.in-addr.arpa      name = test009.chn
0.168.192.in-addr.arpa  nameserver = 202.170.218.93
0.168.192.in-addr.arpa  nameserver = a.gtld-servers.chn
0.168.192.in-addr.arpa  nameserver = b.gtld-servers.chn
0.168.192.in-addr.arpa  nameserver = ns1.chinabc.chn
0.168.192.in-addr.arpa  nameserver = ns1.chinamobile.chn
0.168.192.in-addr.arpa  nameserver = ns1.chinaunicom.chn
0.168.192.in-addr.arpa  nameserver = ns1.cnnic.chn
0.168.192.in-addr.arpa  nameserver = ns1.nameservers.chn
a.gtld-servers.chn  internet address = 211.88.14.142
>
```

```
> 8000000[6]111
Server:  [32768[86[10[7[3]2]
Address:  32768[86[10[7[3]2

111.0.0.0.0.0.0.8000000.in-addr.arpa9   name = test009.chn
0.0.0.0.0.0.8000000.in-addr.arpa9       nameserver = a.gtld-servers.chn
0.0.0.0.0.0.8000000.in-addr.arpa9       nameserver = b.gtld-servers.chn
a.gtld-servers.chn  IPv9 address = 32768[86[10[12[3]2
a.gtld-servers.chn  internet address = 211.88.14.142
b.gtld-servers.chn  IPv9 address = 32768[86[21[4[3]2
b.gtld-servers.chn  internet address = 202.170.218.70
>
```

图 5.7　反向域名添加测试结果

5.5.4　修改域名

修改域名 IPV9 地址记录如表 5.8 所示。

表 5.8　修改域名 IPV9 地址

测试项目	测试内容	测试方法	内容验证
IPV9 域名 A 记录的添加	测试修改域名 IPV9 地址 A 记录	使用浏览器登录域名管理系统 http://192.168.15.32/namedmanager/ 在域名 CHN 中修改域名 test00l 的 A 记录 192.168.0.211，保存。查看域名服务器，待到同步完成后，使用 nslookup9 进行测试； 输入下列命令： [输入] server 32768[86[10[7[3]2 [输入] test009.chn	nslookup9 显示 test009.chn 对应的 IP 地址 192.168.0.211
IPV9 域名 A9 记录的添加	测试修改域名 IPV9 地址 A9 记录	使用浏览器登录域名管理系统 http://192.168.15.32/namedmanager/ 在域名 CHN 中添加域名 test009 的 A9 记录 8000000[6]211，保存。查看域名服务器，待到同步完成后，使用 nslookup9 进行测试； [输入] server 32768[86[10[7[3]2 [输入] set q=a9 [输入] test009.chn	nslookup9 显示 test009.chn 对应的 IPV9 地址 8000000[6]211

测试结果如图 5.8 所示。

```
> test009.chn                              > set q=a9
Server:   [32768[86[10[7[3]2               > test009.chn
Address:  32768[86[10[7[3]2                 Server:   [32768[86[10[7[3]2
                                            Address:  32768[86[10[7[3]2
Non-authoritative answer:
Name:     test009.chn                      Non-authoritative answer:
Address:  192.168.0.211                     test009.chn    IPv9 address = 8000000[6]211
>                                           >
```

图 5.8　修改域名添加测试结果

第6章 IPV9 地址加密与攻防测试

使用地址加密的网络传输技术是一项全新的研究工作，颠覆了 TCP/IP 完全基于网络地址的传输策略。本测试将基于现有 IPV9 传输演示系统的技术基础，选择以 Linux 为开发环境，分别需要在数据链路层、协议层、网络层和应用层进行软件开发。其中，数据链路层、协议层和网络层属于内核开发，开发工作量较大，同时，须充分利用现有 IPV9 路由器的源码，在已有研究积累的基础上完成本项研究内容。

6.1 IPV9 地址加密测试

6.1.1 网络拓扑关系

对同一网段的主机之间、经 IPV9 路由器与主机之间的传输问题进行研究，确定基于接口的密钥广播策略，实现邻居之间、主机与网关之间、路由器与路由器之间互不相干的、独立的非对称密钥加密传输。

以图 6.1 和图 6.2 为例，主机 A 与主机 B 之间，加密通信发起者（假设主机 A）主动广播公钥，那么主机 B、路由器 R1 在对应接口上都能收到公钥，主机 B 和路由器 R1 在记录公钥的同时建立加密索引表，在发往主机 A 的数据报自动启用 A 广播的公钥进行加密传输。反之，A 发往 B 的数据报是否加密取决于 B 有否广播其公钥，宿主在接收到加密数据报时，可使用自己掌握的私钥解密，网络上的第三者截取了数据报因未拥有私钥，自然无法解密，从而保证了地址加密传输的高度安全性。

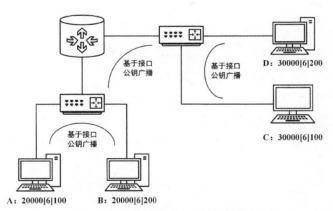

图 6.1　点到点的加密通信原理

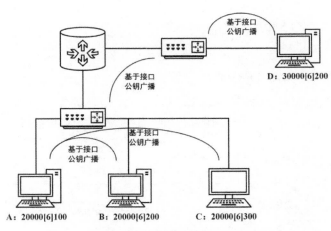

图 6.2　点到点的加密通信典型应用方式

　　路由器 R1 与路由器 R2 之间同样基于对应的接口实现独立的地址加密传输，路由器 R2、主机 C、主机 D 之间又构成一个独立的基于接口公钥广播网络，通过这种单跳加密实现自由的加密组网能力。

　　图 6.1 是为了方便说明点到点的加密通信原理，图 6.2 是图 6.1 基础上典型应用方式，广播报到达的多台主机在与加密发起者通信时，使用发起者的公钥加密与其建立密文传输。

6.1.2　地址加密模型

地址加密模型如下：

①应用层产生"算法索引—公钥—私钥"加密参数；

②设备 A 在某一个接口上设置算法索引，解密用的私钥，并将公钥在该接口所在的网络中广播出去；

③在该网络上的其他设备（如 B）的对应接口接收到算法索引和公钥，并进行存储，以后就使用这两个参数将发送到 A 的对应接口的数据进行加密；

④设备 A 将接收到的加密数据，使用自己的私钥进行解密（非加密数据也可以运行通过）。

以上描述的是单向模型，对于双向加密也由该模型实现（将 A/B 角色互换即可）。

6.1.3　加密地址约定

IPV9 地址编码和分段规则遵守现有约定，选择 256 位（32 字节，分别用 B0，B1，…，B31）地址中的后 128 位（16 字节，即 B16～B31）进行动态加密试验，第 5 字节（B4）标识标志和加密算法索引值，如图 6.3 所示。

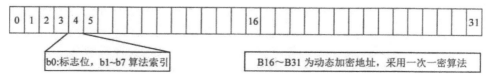

图 6.3　地址加密示意

6.1.4　地址加密测试

本测试主要用来检验 IPV9 网络的地址加密特性，测试从用户端接入路由器到汇聚路由器之间的传输，包括 IPV9 地址加密与数据加密。测试拓扑图如图 6.4 所示。

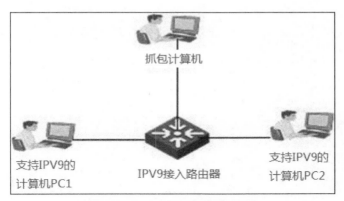

图 6.4 IPV9 地址加密测试示意

测试过程如下:

①按上述拓扑图搭建好测试环境,IPV9 接入路由器下接入两台支持未来网络(IPV9)协议的计算机 PC1 和 PC2,同时在接入路由器上连接一台计算机进行 Wireshark 抓包分析。

②为了对比地址加密效果,在计算机 PC1 到计算机 PC2 的传输方向启用地址加密功能,在计算机 PC2 到计算机 PC1 的传输方向上不启用地址加密功能。其中,测试环境中计算机 PC1 的地址为 32768[86[21[4]146,计算机 PC2 的地址为 32768[86[21[4]145。

③在 PC1 上 ping PC2 的未来网络(IPV9)地址,然后通过抓包,发现了 ICMPv9 协议的数据包,如图 6.5 所示。

Time	Source	Destination	Protocol	Length	Info
0.472183	ac:1f:6b:00:8f:10	AsustekC_73:45:ee	ICMPv9	150	ICMPv9 Request
0.472308	AsustekC_73:45:ee	ac:1f:6b:00:8f:10	ICMPv9	150	ICMPv9 Response

图 6.5 ICMPv9 的 Wireshark 抓包示意

④具体分析抓到的这两个 ICMPv9 的包。先看 ICMPv9 的响应包(Response),即传输方向上没有启用地址加密功能的数据包,如图 6.6 所示。

```
▶ Frame 5: 150 bytes on wire (1200 bits), 150 bytes captured (1200 bits)
▶ Ethernet II, Src: AsustekC_73:45:ee (2c:56:dc:73:45:ee), Dst: SuperMic_00:8f:10 (ac:1f:6b:00:8f:10)
▼ Internet Protolcol Version 9
  ▶ Flags: 0x90
    flow flag: 0x08324c
    len: 64
    next hdr: 0x9e
    hop limit: 0x40
  ▼ IPV9 Src addr: 00008000000000560000001500000000000000000000000…
      saddr1: 32768
      saddr2: 86
      saddr3: 21
      saddr4: 0
      saddr5: 0
      saddr6: 0
      saddr7: 0
      saddr8: 0.0.0.145
  ▼ IPV9 Dst addr: 00008000000000560000001500000000000000000000000…
      daddr1: 32768
      daddr2: 86
      daddr3: 21
      daddr4: 0
      daddr5: 0
      daddr6: 0
      daddr7: 0
      daddr8: 0.0.0.146
    Message Content: 810071914c2e00024e29d15cb1dc020008090a0b0c0d0e0f…
```

图 6.6 ICMPv9 响应包（未使用地址加密）

从图 6.6 可以看出，在 ICMPv9 的响应包中，源地址为 32768[86[21[4]145，即计算机 PC2 的地址；目的地址为 32768[86[21[4]146，即计算机 PC1 的地址，说明在未启用地址加密功能时，能看到通信双方的十进制地址。

再看 ICMPv9 的请求包（Request），即传输方向上启用地址加密功能的数据包，如图 6.7 所示。

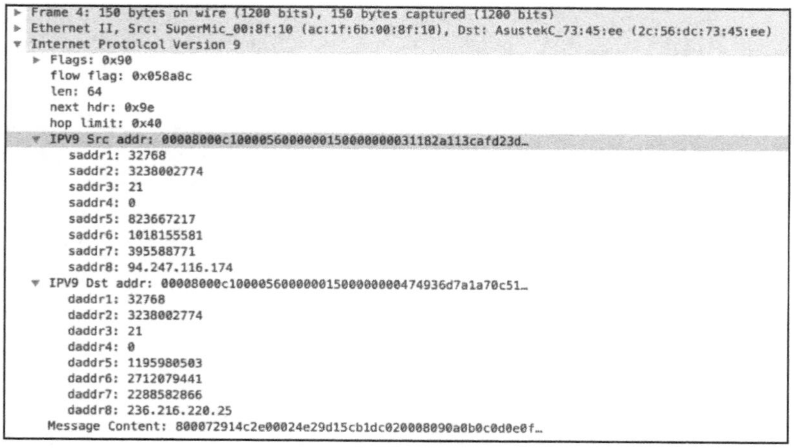

```
▶ Frame 4: 150 bytes on wire (1200 bits), 150 bytes captured (1200 bits)
▶ Ethernet II, Src: SuperMic_00:8f:10 (ac:1f:6b:00:8f:10), Dst: AsustekC_73:45:ee (2c:56:dc:73:45:ee)
▼ Internet Protolcol Version 9
  ▶ Flags: 0x90
    flow flag: 0x058a8c
    len: 64
    next hdr: 0x9e
    hop limit: 0x40
  ▼ IPV9 Src addr: 00008000c10000560000001500000000031182a113cafd23d…
      saddr1: 32768
      saddr2: 3238002774
      saddr3: 21
      saddr4: 0
      saddr5: 823667217
      saddr6: 1018155581
      saddr7: 395588771
      saddr8: 94.247.116.174
  ▼ IPV9 Dst addr: 00008000c10000560000001500000000474936d7a1a70c51…
      daddr1: 32768
      daddr2: 3238002774
      daddr3: 21
      daddr4: 0
      daddr5: 1195980503
      daddr6: 2712079441
      daddr7: 2288582866
      daddr8: 236.216.220.25
    Message Content: 800072914c2e00024e29d15cb1dc020008090a0b0c0d0e0f…
```

图 6.7 ICMPv9 请求包（使用地址加密）

在图 6.7 中，虽然有传输双方的源地址和目的地址，但已不是原来 PC1 的地址和 PC2 的地址，说明计算机 PC1 到 PC2 的传输的地址加密功能已经生效。

⑤再分析通过 Wireshark 抓的包中其余的 ICMPv9 响应包。具体如图 6.8 所示。

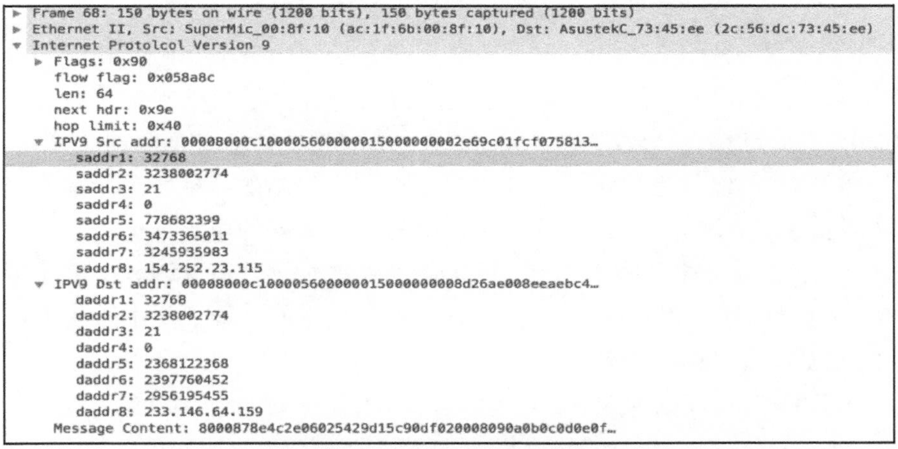

```
▶ Frame 68: 150 bytes on wire (1200 bits), 150 bytes captured (1200 bits)
▶ Ethernet II, Src: SuperMic_00:8f:10 (ac:1f:6b:00:8f:10), Dst: AsustekC_73:45:ee (2c:56:dc:73:45:ee)
▼ Internet Protolcol Version 9
  ▶ Flags: 0x90
    flow flag: 0x058a8c
    len: 64
    next hdr: 0x9e
    hop limit: 0x40
  ▼ IPV9 Src addr: 00008000c1000056000000015000000002e69c01fcf075813...
      saddr1: 32768
      saddr2: 3238002774
      saddr3: 21
      saddr4: 0
      saddr5: 778682399
      saddr6: 3473365011
      saddr7: 3245935983
      saddr8: 154.252.23.115
  ▼ IPV9 Dst addr: 00008000c1000056000000015000000008d26ae008eeaebc4...
      daddr1: 32768
      daddr2: 3238002774
      daddr3: 21
      daddr4: 0
      daddr5: 2368122368
      daddr6: 2397760452
      daddr7: 2956195455
      daddr8: 233.146.64.159
    Message Content: 8000878e4c2e06025429d15c90df020008090a0b0c0d0e0f...
```

图 6.8　ICMPv9 请求包 2（使用地址加密）

从图 6.8 中可以看出，通信双方的数据和地址仍然进行了加密，但加密后的数据已经不一样了。

⑥再对比 IPv4 的 ICMP 的包可以看到，IPv4 的数据包中的地址默认是没有加密的，如图 6.9 所示。

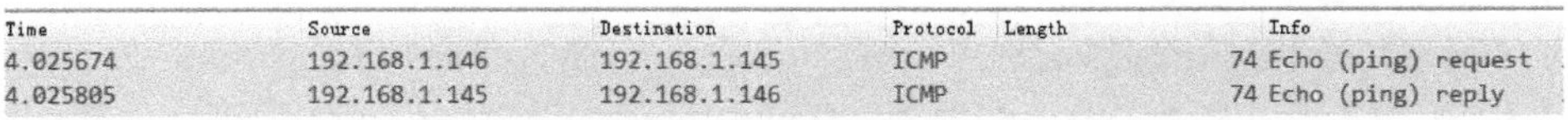

Time	Source	Destination	Protocol	Length	Info
4.025674	192.168.1.146	192.168.1.145	ICMP		74 Echo (ping) request
4.025805	192.168.1.145	192.168.1.146	ICMP		74 Echo (ping) reply

图 6.9　ICMPv4 的请求与相应包

从图 6.9 中可以看到，通信双方的 IPv4 地址，当攻击者截获该数据包后，可以伪造源 IP 地址或目的 IP 地址进行地址欺骗攻击。

通过测试可以看出，未来网络（IPV9）的地址加密功能对传输双方的地址进行加密，且为一次一密，即每次加密的结果都不一样。通过地址加密，攻击者即使截获或侦听了传输的数据包，也无法判断发送双方的真实地址，无法判断信息来源或去往，保障了通信双方的网络安全性。

6.1.5　测试结论

此次测试过程顺利，每个测试用例都能正常稳定运行，通过以上的测试与分析得出了以下结论。

6.1.5.1 IPV9 的意义

未来网络 IPV9 的出现，彻底改变了全球计算机网络生态环境，打破了美国的网络霸权地位，为各国网络应用带来了新的曙光，意义重大。

① IPV9 可以认为是解决 IPv4 地址空间有限的新的地址协议，其功能与 IPv6 类似，大大增加了地址加密安全机制和兼容 IPv4 的功能。

② IPV9 的地址空间由 32 个字节表示，地址数量有 2^{256} 个，远远超过 IPv4（2^{32} 个地址）和 IPv6（2^{128} 个地址）的地址空间，地址文本表示采用全部十进制数字，与 v4/v6 完全不同。

③ IPV9 目前仅在国内部署域名解析根节点。

6.1.5.2 IPV9 的性能

IPV9 的性能主要体现在以下几个方面。

① IPV9 提供了网络层和传输层对应的协议，如 ICMPv9、IPV9、TCP9、UDP9、IPV9 9 over 4 等。

② IPv4 客户端可直接通过 IPV9 域名服务器解析 IPV9 域名到 IPv4 地址、IPV9 域名到 IPV9 地址、IPV9 地址到 IPv4 地址的解析和反向解析。

③通过配置 IPV9 域名服务器，IPv4 客户端可通过 IPV9 域名或 IPV9 地址，正常访问实际的 IPv4 业务系统。

④在 IPV9 网络环境中，可通过 IPV9 转 IPv4 的网络设备（9 NAT 4），将 IPV9 协议转为 IPv4 协议，实现访问 IPv4 业务系统。

⑤ IPV9 可单独运行于 IPV9 网络环境中，也可通过 IPV9 over4 协议，运行在 IPv4 网络环境中，使得配置有 IPV9 的网络环境中的设备能够在 IPv4、IPV9 两个环境中相互转换且兼容使用。

6.1.5.3 IPV9 的安全性

TCP9 对报文中数据地址进行了加密，实现了未来网络《信息技术 未来网络 问题陈述与要求 第 5 部分：安全》（ISO/IEC TR 29181-5）中先验证后通信网络安全机制，使得每次数据包的传输报文中显示的 IPV9 地址不同，保证了 IPV9 环境的安全性。同时，在 9 over 4 链路的报文中的数据采用了加密处理，使数据的传输更加安全，防止一些重要数据在传输过程中被劫持或盗取。

6.1.5.4 测试系统环境的适用性

参与测试实验的应用软件各系统可运行在 IPv4 及 IPV9 网络环境或 IPv4 与 IPV9 兼容网络环境；各系统可配置 IPV9 域名，IPv4 客户端可通过配置 IPV9 专用 DNS 服务器直接访问 IPV9 域名，从而访问各个系统；各系统的原 IPv4 应用软件可以运行在 IPV9 网络中；IPv4 客户端可使用通过映射规则把 IPv4 数据包转换成 IPV9 包，实现 IPv4 数据报文在 IPV9 网络传输，从而对各系统进行访问。各系统实际运行的是兼容 IPv4 的 IPV9 协议，但 IPV9 客户端可使用 IPV9 协议通过 9 over 4（IPV9 数据 over 在 IPv4 数据包中的数据部分）实现 IPV9 数据报文对当前 IPv4 网络传输，从而对各系统进行访问。

6.2 网络攻防测试

针对 FNV9 网络是否安全可信、是否可以应用于内部系统可见而外部不可见情况等问题，搭建了一个简易的网络测试环境，并关闭操作系统防火墙，开放硬件防火墙全部端口仅作访问记录分析用。邀请公安某部门对该网络环境做扫描及渗透测试，不特别要求对方告知其使用的 IP 及端口，网络环境内部收集到的信息如下文所述。

6.2.1 网络攻防态势记录

6.2.1.1 抓包记录

从内部环境登录到 FNV9 路由器上，调用命令 "tcpdump –v –w /tmp/router.pcap" 生成数据报文包。

打开 FNV9 路由器 tcpdump 抓包记录，内容如图 6.10 所示。

```
1222 16:06:56.399759 mail.thienlam... 58.213.123.106  TCP  60 49180 → 33697 [SYN] Seq=0 Win=1024 Len=0
1224 16:06:56.477229 mail.thienlam... 58.213.123.106  TCP  60 49180 → 33897 [RST] Seq=1 Win=1200 Len=0
1225 16:06:56.741687 recyber.net     58.213.123.106  TCP  60 49264 → 26889 [SYN] Seq=0 Win=1024 Len=0
1227 16:06:56.973985 recyber.net     58.213.123.106  TCP  60 49264 → 26889 [RST] Seq=1 Win=1200 Len=0
1231 16:06:57.302270 161.35.205.162  58.213.123.106  TCP  60 53706 → ms-wbt-server(3389) [SYN] Seq=0 Win=1024 Len
1233 16:06:57.547373 161.35.205.162  58.213.123.106  TCP  60 53706 → ms-wbt-server(3389) [RST] Seq=1 Win=1200 Len
1236 16:06:58.537448 recyber.net     58.213.123.106  TCP  60 49852 → lmcs(4877) [SYN] Seq=0 Win=1024 Len=0
1240 16:06:58.789654 recyber.net     58.213.123.106  TCP  60 49852 → lmcs(4877) [RST] Seq=1 Win=1200 Len=0
1251 16:07:01.713400 kelly.is.black  58.213.123.106  TCP  60 39847 → telnet(23) [SYN] Seq=0 Win=65535 Len=0
1346 16:07:29.742432 recyber.net     58.213.123.106  TCP  60 59607 → 55896 [SYN] Seq=0 Win=1024 Len=0
1348 16:07:30.006683 recyber.net     58.213.123.106  TCP  60 59607 → 55896 [RST] Seq=1 Win=1200 Len=0
1364 16:07:35.386503 91.210.107.28   58.213.123.106  TCP  60 49159 → slslavemon(3102) [SYN] Seq=0 Win=1024 Len=0
1371 16:07:37.850270 208.86.212.148  58.213.123.106  TCP  60 35089 → 12821 [SYN] Seq=0 Win=65535 Len=0
1376 16:07:38.820500 visit.keznews.. 58.213.123.106  TCP  60 47816 → sun-sr-iiop-aut(6487) [SYN] Seq=0 Win=1024 L
1380 16:07:39.171172 visit.keznews.. 58.213.123.106  TCP  60 47816 → sun-sr-iiop-aut(6487) [RST] Seq=1 Win=1200 L
1382 16:07:39.979030 zg-1031c-2.st.. 58.213.123.106  TCP  60 50031 → docker(2375) [SYN] Seq=0 Win=65535 Len=0
1408 16:07:47.331941 recyber.net     58.213.123.106  TCP  60 59533 → 8419 [SYN] Seq=0 Win=1024 Len=0
1410 16:07:47.563981 recyber.net     58.213.123.106  TCP  60 59533 → 8419 [RST] Seq=1 Win=1200 Len=0
1411 16:07:47.950702 185.216.140.1.  58.213.123.106  TCP  60 46435 → 65001 [SYN] Seq=0 Win=1024 Len=0
1415 16:07:48.207430 185.216.140.1.  58.213.123.106  TCP  60 46435 → 65001 [RST] Seq=1 Win=1200 Len=0
1416 16:07:48.980417 167.71.50.215   58.213.123.106  TCP  60 52875 → cybercash(551) [SYN] Seq=0 Win=1024 Len=0
1421 16:07:49.237063 167.71.50.215   58.213.123.106  TCP  60 52875 → cybercash(551) [RST] Seq=1 Win=1200 Len=0
1434 16:07:54.221656 recyber.net     58.213.123.106  TCP  60 59581 → 39794 [SYN] Seq=0 Win=1024 Len=0
1437 16:07:54.468336 recyber.net     58.213.123.106  TCP  60 59581 → 39794 [RST] Seq=1 Win=1200 Len=0
1443 16:07:56.954954 recyber.net     58.213.123.106  TCP  60 56656 → 60204 [SYN] Seq=0 Win=1024 Len=0
1447 16:07:57.206975 recyber.net     58.213.123.106  TCP  60 56656 → 60204 [RST] Seq=1 Win=1200 Len=0
1467 16:08:03.614043 recyber.net     58.213.123.106  TCP  60 59607 → 52890 [SYN] Seq=0 Win=1024 Len=0
1469 16:08:03.858452 123.160.221.27  58.213.123.106  TCP  60 31239 → 61875 [SYN] Seq=0 Win=65535 Len=0 MSS=1398 W
1471 16:08:03.880662 recyber.net     58.213.123.106  TCP  60 59607 → 52890 [RST] Seq=1 Win=1200 Len=0
1474 16:08:04.656637 c-50-174-134-.. 58.213.123.106  TCP  60 31364 → telnet(23) [SYN] Seq=0 Win=24228 Len=0
1484 16:08:06.989563 recyber.net     58.213.123.106  TCP  60 42378 → 5036 [SYN] Seq=0 Win=1024 Len=0
1488 16:08:07.239391 recyber.net     58.213.123.106  TCP  60 42378 → 5036 [RST] Seq=1 Win=1200 Len=0
1496 16:08:09.362305 recyber.net     58.213.123.106  TCP  60 59607 → 56480 [SYN] Seq=0 Win=1024 Len=0
1498 16:08:09.638158 recyber.net     58.213.123.106  TCP  60 59607 → 56480 [RST] Seq=1 Win=1200 Len=0
1499 16:08:09.668565 210.245.120.1.  58.213.123.106  TCP  60 49171 → 3368 [SYN] Seq=0 Win=1024 Len=0
1501 16:08:09.755308 210.245.120.1.  58.213.123.106  TCP  60 49171 → 3368 [RST] Seq=1 Win=1200 Len=0
1507 16:08:11.302131 scanner-23.ch.. 58.213.123.106  TCP  60 4931 → 28594 [SYN] Seq=0 Win=1024 Len=0 MSS=1460
1510 16:08:11.812032 recyber.net     58.213.123.106  TCP  60 59544 → 16130 [SYN] Seq=0 Win=1024 Len=0
1514 16:08:12.094588 recyber.net     58.213.123.106  TCP  60 59544 → 16130 [RST] Seq=1 Win=1200 Len=0
1515 16:08:12.213707 recyber.net     58.213.123.106  TCP  60 42282 → isis(2042) [SYN] Seq=0 Win=1024 Len=0
1517 16:08:12.455272 recyber.net     58.213.123.106  TCP  60 42282 → isis(2042) [RST] Seq=1 Win=1200 Len=0
1537 16:08:18.585378 62.204.41.206   58.213.123.106  TCP  60 49124 → 19682 [SYN] Seq=0 Win=1024 Len=0
1539 16:08:18.793571 62.204.41.206   58.213.123.106  TCP  60 49124 → 19682 [RST] Seq=1 Win=1200 Len=0
1552 16:08:20.234330 185.216.140.1.  58.213.123.106  TCP  60 46435 → palace-6(9997) [SYN] Seq=0 Win=1024 Len=0
1554 16:08:20.507646 185.216.140.1.  58.213.123.106  TCP  60 46435 → palace-6(9997) [RST] Seq=1 Win=1200 Len=0
1563 16:08:23.100888 zg-1031a-42.s.  58.213.123.106  TCP  60 59482 → hart-ip(5094) [SYN] Seq=0 Win=65535 Len=0
1574 16:08:26.904582 92.63.197.111   58.213.123.106  TCP  60 41597 → 55502 [SYN] Seq=0 Win=1024 Len=0
1578 16:08:27.132033 92.63.197.111   58.213.123.106  TCP  60 41597 → 55502 [RST] Seq=1 Win=1200 Len=0
1595 16:08:32.683268 106.15.196.212  58.213.123.106  TCP  74 57734 → redis(6379) [SYN] Seq=0 Win=29200 Len=0 MSS
1598 16:08:32.692889 106.15.196.212  58.213.123.106  TCP  60 57734 → redis(6379) [RST, ACK] Seq=1 Ack=1 Win=0 Len
1599 16:08:32.692889 106.15.196.212  58.213.123.106  TCP  60 57734 → redis(6379) [RST, ACK] Seq=1 Ack=1 Win=0 Len
1600 16:08:32.694707 106.15.196.212  58.213.123.106  TCP  60 57734 → redis(6379) [RST, ACK] Seq=1 Ack=1 Win=0 Len
1601 16:08:32.694707 106.15.196.212  58.213.123.106  TCP  60 57734 → redis(6379) [RST, ACK] Seq=1 Ack=1 Win=0 Len
1602 16:08:32.695662 106.15.196.212  58.213.123.106  TCP  66 [TCP Window Update] 57734 → redis(6379) [ACK] Seq=1
```

图 6.10　外部代理服务器 tcpdump 抓包记录

　　观察到有多个外部 IP 访问并尝试建立 TCP 链接，如源地址 106.15.196.212 在试图访问 redis 服务，源地址 recyber.net 做 CyberScan 扫描，源地址 kelly.is.black 试图访问 telnet 服务，161.35.205.162 试图访问 RemoteDesktop 等。

6.2.1.2 内部 Web 服务器抓包记录

　　从内部环境登录到提供 Web 服务的服务器上，利用 Wireshark 捕获内部

环境数据包，判断内部 Web 服务器与 FNV9 路由器是否可以正常通信，如图
6.11 所示。

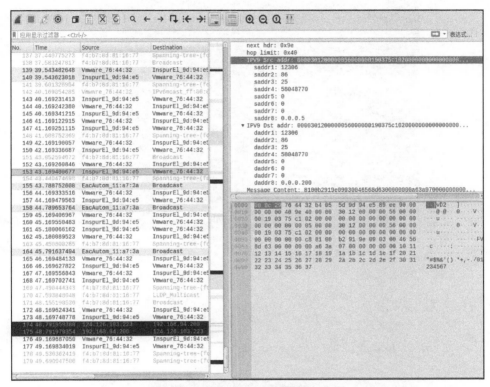

图 6.11　内部 Web 服务器抓包记录

从截图右侧 FNV9 地址分析，源地址 12306[86[25[58048770[3]5 仍能与目
的地址 12306[86[25[58048770[3]254 正常通信，网络内部链路正常可用。

6.2.1.3　录屏截图

从内部环境登录到 FNV9 路由器上，录屏用于记录真实的服务器各项服
务运行状态，后期佐证内部进程在遭受各种扫描攻击时仍能提供正常服务。

用户上次登录记录，输入"lastlog"命令查看系统内所有用户的登录记
录信息，由图 6.12 可知上次内部系统用户 stelec 登录时间与实际登录时间匹
配，无其他用户远程登录记录。

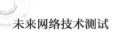

```
root@stelec:~# lastlog
Username        Port     From            Latest
root                                     **Never logged in**
daemon                                   **Never logged in**
bin                                      **Never logged in**
sys                                      **Never logged in**
sync                                     **Never logged in**
games                                    **Never logged in**
man                                      **Never logged in**
lp                                       **Never logged in**
mail                                     **Never logged in**
news                                     **Never logged in**
uucp                                     **Never logged in**
proxy                                    **Never logged in**
www-data                                 **Never logged in**
backup                                   **Never logged in**
list                                     **Never logged in**
irc                                      **Never logged in**
gnats                                    **Never logged in**
nobody                                   **Never logged in**
_apt                                     **Never logged in**
systemd-network                          **Never logged in**
systemd-resolve                          **Never logged in**
messagebus                               **Never logged in**
systemd-timesync                         **Never logged in**
pollinate                                **Never logged in**
sshd                                     **Never logged in**
usbmux                                   **Never logged in**
stelec          pts/5    114.221.45.201  Sat Dec  3 16:00:20 +0800 2022
tcpdump                                  **Never logged in**
root@stelec:~#
```

图 6.12　用户登录记录

6.2.1.4 用户登录记录

用户登录记录信息，输入"last –n 20"命令调取最后 20 条用户登录日志，从登录日志分析，仅有后台工作人员 stelec 从已知通道和 IP 登录的记录，无未知的外部 IP 地址登录记录，如图 6.13 所示。

```
root@stelec:~# last -n 20
stelec   pts/5        114.221.45.201  Sat Dec  3 16:00   still logged in
stelec   pts/2        192.168.1.67    Sat Dec  3 15:48   still logged in
stelec   pts/0        114.221.45.201  Sat Dec  3 15:37 - 16:08  (00:31)
stelec   tty1                         Sat Dec  3 15:36   still logged in
reboot   system boot  5.15.0-53-generi Sat Dec  3 15:35   still running
stelec   pts/3        192.168.1.67    Sat Dec  3 11:35 - 12:33  (00:58)
stelec   pts/1        192.168.1.67    Sat Dec  3 11:27 - 12:34  (01:06)
stelec   tty1                         Fri Dec  2 16:55 - down   (22:39)
reboot   system boot  5.15.0-53-generi Fri Dec  2 15:24 - 15:35 (1+00:10)
stelec   tty1                         Wed Nov 30 09:18 - 09:20  (00:01)
stelec   tty1                         Mon Nov 28 08:36 - 08:47  (00:11)
stelec   tty1                         Sat Nov 26 11:45 - 11:45  (00:00)
stelec   pts/1        114.221.46.144  Fri Nov 25 19:03 - 19:06  (00:02)
stelec   tty1                         Fri Nov 25 18:51 - 19:06  (00:14)
reboot   system boot  5.15.0-53-generi Fri Nov 25 18:50   15:35 (7+20:45)
stelec   pts/3        192.168.1.67    Fri Nov 25 18:24 - 18:48  (00:24)
stelec   pts/1        192.168.1.67    Fri Nov 25 18:17 - 18:50  (00:32)
stelec   tty1                         Fri Nov 25 17:28 - down   (01:22)
reboot   system boot  5.15.0-53-generi Fri Nov 25 17:27 - 18:50  (01:22)
stelec   pts/2        114.221.46.144  Fri Nov 25 17:24 - 17:24  (00:00)

wtmp begins Wed Nov 16 21:34:35 2022
root@stelec:~#
```

图 6.13　用户登录记录信息

6.2.1.5 IP 实时访问记录

从内部登录到 FNV9 路由器上，输入 "iftop" 命令查看设备网卡的实时流量信息，如图 6.14 所示。

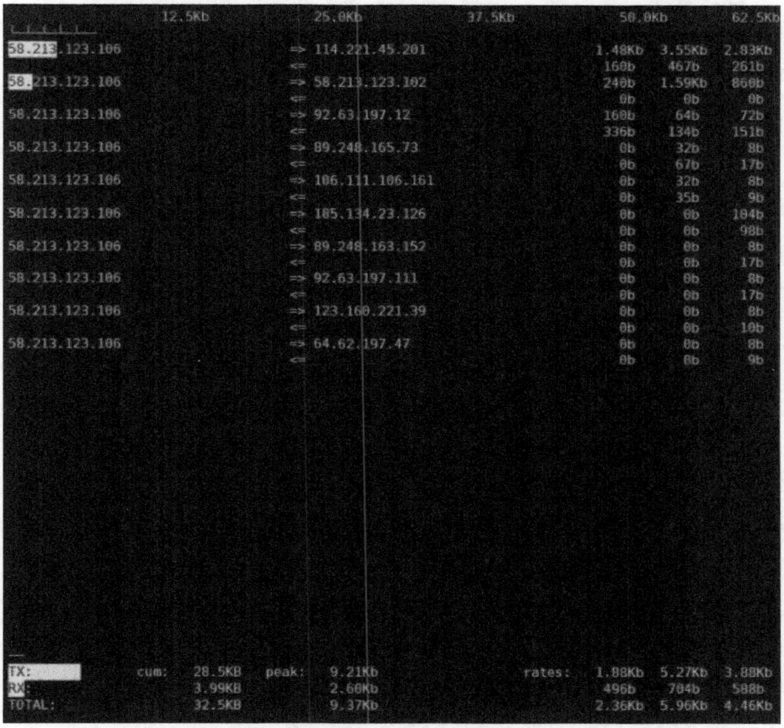

图 6.14   网卡流量信息

由实时访问记录分析，同时有 10 条外部 IP 在访问 FNV9 路由器，除工作人员后台登录连接，其他 IP 均未能建立正常连接。

6.2.1.6 后台服务状态

从内部登录到 FNV9 路由器上，输入 "top" 打开性能分析工具，实时查看系统中各个进程的资源占用情况，如图 6.15 所示。

查看各进程状态，由图 6.15 可知，后台仍然在正常运行 MYSQL 服务，其他各项服务正常，未受到外部攻击造成的明显干扰。

```
top - 17:42:24 up  2:06,  6 users,  load average: 0.01, 0.00, 0.00
Tasks: 293 total,   1 running, 292 sleeping,   0 stopped,   0 zombie
%Cpu(s):  0.0 us,  0.2 sy,  0.0 ni, 99.8 id,  0.0 wa,  0.0 hi,  0.0 si,  0.0 st
MiB Mem :   1975.3 total,    683.8 free,    679.3 used,    612.1 buff/cache
MiB Swap:   1967.0 total,   1967.0 free,      0.0 used.   1137.5 avail Mem

    PID USER      PR  NI    VIRT    RES    SHR S  %CPU  %MEM     TIME+ COMMAND
   4882 root      20   0    8328   4344   3440 R   0.7   0.2   0:00.07 top
   1438 999       20   0 2370236 391092  34280 S   0.3  19.3   0:19.16 mysqld
      1 root      20   0  167288  12456   8036 S   0.0   0.6   0:03.60 systemd
      2 root      20   0       0      0      0 S   0.0   0.0   0:00.00 kthreadd
      3 root       0 -20       0      0      0 I   0.0   0.0   0:00.00 rcu_gp
      4 root       0 -20       0      0      0 I   0.0   0.0   0:00.00 rcu_par_gp
      5 root       0 -20       0      0      0 I   0.0   0.0   0:00.00 netns
      7 root       0 -20       0      0      0 I   0.0   0.0   0:00.00 kworker/0:0H-events_hig+
      9 root       0 -20       0      0      0 I   0.0   0.0   0:00.06 kworker/0:1H-kblockd
     10 root       0 -20       0      0      0 I   0.0   0.0   0:00.00 mm_percpu_wq
     11 root      20   0       0      0      0 S   0.0   0.0   0:00.00 rcu_tasks_rude_
     12 root      20   0       0      0      0 S   0.0   0.0   0:00.00 rcu_tasks_trace
     13 root      20   0       0      0      0 S   0.0   0.0   0:00.03 ksoftirqd/0
     14 root      20   0       0      0      0 I   0.0   0.0   0:01.38 rcu_sched
     15 root      rt   0       0      0      0 S   0.0   0.0   0:00.01 migration/0
     16 root     -51   0       0      0      0 S   0.0   0.0   0:00.00 idle_inject/0
     18 root      20   0       0      0      0 S   0.0   0.0   0:00.00 cpuhp/0
     19 root      20   0       0      0      0 S   0.0   0.0   0:00.00 cpuhp/1
     20 root     -51   0       0      0      0 S   0.0   0.0   0:00.00 idle_inject/1
     21 root      rt   0       0      0      0 S   0.0   0.0   0:00.13 migration/1
     22 root      20   0       0      0      0 S   0.0   0.0   0:00.02 ksoftirqd/1
     24 root       0 -20       0      0      0 I   0.0   0.0   0:00.00 kworker/1:0H-events_hig+
     25 root      20   0       0      0      0 S   0.0   0.0   0:00.00 cpuhp/2
     26 root     -51   0       0      0      0 S   0.0   0.0   0:00.00 idle_inject/2
     27 root      rt   0       0      0      0 S   0.0   0.0   0:00.13 migration/2
     28 root      20   0       0      0      0 S   0.0   0.0   0:00.04 ksoftirqd/2
     30 root       0 -20       0      0      0 I   0.0   0.0   0:00.00 kworker/2:0H-events_hig+
     31 root      20   0       0      0      0 S   0.0   0.0   0:00.00 cpuhp/3
     32 root     -51   0       0      0      0 S   0.0   0.0   0:00.00 idle_inject/3
     33 root      rt   0       0      0      0 S   0.0   0.0   0:00.13 migration/3
     34 root      20   0       0      0      0 S   0.0   0.0   0:00.03 ksoftirqd/3
     36 root       0 -20       0      0      0 I   0.0   0.0   0:00.00 kworker/3:0H-events_hig+
     37 root      20   0       0      0      0 S   0.0   0.0   0:00.00 kdevtmpfs
     38 root       0 -20       0      0      0 I   0.0   0.0   0:00.00 inet_frag_wq
     39 root      20   0       0      0      0 S   0.0   0.0   0:00.00 kauditd
     40 root      20   0       0      0      0 S   0.0   0.0   0:00.01 khungtaskd
```

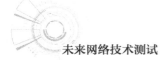

图 6.15　后台服务状态

6.2.1.7 Web 服务状态

输入“systemctl status nginx”命令，可以查看 Web 服务状态，如图 6.16 所示。从图中可知，nginx 仍在正常提供 Web 服务，后台进程 5 条。

```
root@stelec:~# systemctl status nginx
● nginx.service - A high performance web server and a reverse proxy server
     Loaded: loaded (/lib/systemd/system/nginx.service; enabled; vendor preset: enabled)
     Active: active (running) since Sat 2022-12-03 15:36:05 CST; 2h 6min ago
       Docs: man:nginx(8)
   Main PID: 833 (nginx)
      Tasks: 5 (limit: 2237)
     Memory: 12.8M
        CPU: 57ms
     CGroup: /system.slice/nginx.service
             ├─833 "nginx: master process /usr/sbin/nginx -g daemon on; master_process on;"
             ├─834 "nginx: worker process" "" "" "" "" "" "" "" "" "" "" "" "" "" "" "" "" ">
             ├─835 "nginx: worker process" "" "" "" "" "" "" "" "" "" "" "" "" "" "" "" "" ">
             ├─836 "nginx: worker process" "" "" "" "" "" "" "" "" "" "" "" "" "" "" "" "" ">
             └─837 "nginx: worker process" "" "" "" "" "" "" "" "" "" "" "" "" "" "" "" "" ">

Dec 03 15:36:04 stelec systemd[1]: Starting A high performance web server and a reverse proxy s>
Dec 03 15:36:05 stelec systemd[1]: Started A high performance web server and a reverse proxy se>

root@stelec:~# 
```

图 6.16　Web 服务状态

接着查看其他服务状态是否正常，输入"docker stats"命令，查看运行在容器内的服务资源信息，如图 6.17 所示。

```
CONTAINER ID   NAME       CPU %    MEM USAGE / LIMIT    MEM %    NET I/O         BLOCK I/O
               PIDS
9fec1e558a7b   redis      0.07%    5.684MiB / 1.929GiB  0.29%    10.6kB / 5.3kB  25.7MB /
0B        5
203f8d3dc66a   samba      0.00%    23.39MiB / 1.929GiB  1.18%    2.48kB / 0B     58.2MB /
30.4MB     4
e23e39976c1d   ftpserver  0.00%    6.789MiB / 1.929GiB  0.34%    3.37kB / 840B   21.7MB /
41kB       2
91d2634e111a   mysql      0.26%    387.4MiB / 1.929GiB  19.61%   3.98kB / 2.08kB 183MB / 3
4.1MB      39
```

图 6.17　运行在容器内的服务

由后台服务状态截图可知，redis 数据库、samba 文件共享服务、ftpserver 文件共享服务、mysql 数据库四项服务均处于正常运行状态，网络使用流量很小，未明显发现有外部用户上、下载文件或调用数据库，未发现各项服务受到明显攻击导致停滞的现象。

6.2.2　硬件防火墙记录渗透次数

6.2.2.1 外部访问记录

从内部登录到硬件防火墙上，查看防火墙各项策略记录，如图 6.18 所示。

图 6.18　防火墙渗透次数

从图 6.18 可知，截止到 2022 年 12 月 3 日 17 时 53 分，记录到 1024215 次外部访问。

6.2.2.2 详细策略命中记录

导出全部防火墙捕获到的访问记录，选取其中一部分截图，如图 6.19 所示。由图中分析可知，仅在两分钟之内，就有 51 条 IP 地址（含境外）尝试渗透 FNV9 路由器。其中，源自俄罗斯的有 21 条，源自美国的有 5 条，源自

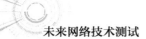

荷兰的有 13 条，其他地区 IP 忽略不计。访问协议类型主要为 TCP。

	时间	源地址	源地区	目的地址	目的地区	源端口	目的端口	协议	应用	动作
2	2022/12/03 17:15:27	92.63.197.12	俄罗斯	58.213.123.106	南京	56109	63877	TCP		允许
3	2022/12/03 17:15:25	92.63.197.12	俄罗斯	58.213.123.106	南京	56109	63596	TCP		允许
4	2022/12/03 17:15:23	146.88.240.4	美国	58.213.123.106	南京	53884	51413	UDP		允许
5	2022/12/03 17:15:21	62.204.41.206	英国	58.213.123.106	南京	49124	19641	TCP		允许
6	2022/12/03 17:15:19	92.63.197.111	俄罗斯	58.213.123.106	南京	41597	33171	TCP		允许
7	2022/12/03 17:15:18	91.210.107.28	俄罗斯	58.213.123.106	南京	49159	10407	TCP		允许
8	2022/12/03 17:15:10	92.63.197.12	俄罗斯	58.213.123.106	南京	56109	63049	TCP		允许
9	2022/12/03 17:15:09	47.94.196.52	北京	58.213.123.106	南京	58577	2376	TCP		允许
10	2022/12/03 17:15:08	92.63.197.111	俄罗斯	58.213.123.106	南京	41597	9093	TCP		允许
11	2022/12/03 17:15:07	91.210.107.28	俄罗斯	58.213.123.106	南京	49159	4321	TCP		允许
12	2022/12/03 17:15:07	91.210.107.28	俄罗斯	58.213.123.106	南京	49159	9500	TCP		允许
13	2022/12/03 17:15:05	92.63.197.12	俄罗斯	58.213.123.106	南京	56109	63521	TCP		允许
14	2022/12/03 17:15:04	92.63.197.12	俄罗斯	58.213.123.106	南京	56109	63697	TCP		允许
15	2022/12/03 17:15:00	192.241.210.229	美国	58.213.123.106	南京	58600	49152	TCP		允许
16	2022/12/03 17:14:59	92.63.197.12	俄罗斯	58.213.123.106	南京	56109	63654	TCP		允许
17	2022/12/03 17:14:56	91.240.118.224	未知区域	58.213.123.106	南京	48291	32323	TCP		允许
18	2022/12/03 17:14:53	198.199.88.99	美国	58.213.123.106	南京	53823	6422	TCP		允许
19	2022/12/03 17:14:53	92.63.197.12	俄罗斯	58.213.123.106	南京	56109	63374	TCP		允许
20	2022/12/03 17:14:51	89.248.165.189	荷兰	58.213.123.106	南京	55683	2301	TCP		允许
21	2022/12/03 17:14:50	92.63.197.12	俄罗斯	58.213.123.106	南京	56109	63635	TCP		允许
22	2022/12/03 17:14:49	152.89.198.31	英国	58.213.123.106	南京	57890	63389	TCP		允许
23	2022/12/03 17:14:45	89.248.163.237	荷兰	58.213.123.106	南京	50686	47127	TCP		允许
24	2022/12/03 17:14:44	194.26.29.152	未知区域	58.213.123.106	南京	48214	6689	TCP		允许
25	2022/12/03 17:14:40	89.248.163.154	荷兰	58.213.123.106	南京	59533	8587	TCP		允许
26	2022/12/03 17:14:39	45.143.200.102	未知区域	58.213.123.106	南京	50071	6424	TCP		允许
27	2022/12/03 17:14:34	91.202.4.47	捷克	58.213.123.106	南京	46493	10621	TCP		允许
28	2022/12/03 17:14:34	92.63.197.12	俄罗斯	58.213.123.106	南京	56109	63801	TCP		允许
29	2022/12/03 17:14:31	89.248.163.188	荷兰	58.213.123.106	南京	49852	7777	TCP		允许
30	2022/12/03 17:14:29	92.63.197.12	俄罗斯	58.213.123.106	南京	56109	63740	TCP		允许
31	2022/12/03 17:14:29	92.63.197.12	俄罗斯	58.213.123.106	南京	56109	63845	TCP		允许
32	2022/12/03 17:14:27	92.63.197.12	俄罗斯	58.213.123.106	南京	56109	63551	TCP		允许
33	2022/12/03 17:14:27	123.160.221.60	郑州	58.213.123.106	南京	18236	2083	TCP		允许
34	2022/12/03 17:14:27	92.63.197.12	俄罗斯	58.213.123.106	南京	56109	63858	TCP		允许
35	2022/12/03 17:14:24	89.248.165.187	荷兰	58.213.123.106	南京	46503	15684	TCP		允许
36	2022/12/03 17:14:23	89.248.163.149	荷兰	58.213.123.106	南京	59554	22794	TCP		允许
37	2022/12/03 17:14:21	94.102.61.10	荷兰	58.213.123.106	南京	36106	80	TCP		允许
38	2022/12/03 17:14:21	147.182.249.49	美国	58.213.123.106	南京	51958	31201	UDP		允许
39	2022/12/03 17:14:18	89.248.165.22	荷兰	58.213.123.106	南京	50338	38007	TCP		允许
40	2022/12/03 17:14:09	152.89.198.191	英国	58.213.123.106	南京	49099	19438	TCP		允许
41	2022/12/03 17:14:07	92.63.197.12	俄罗斯	58.213.123.106	南京	56109	63351	TCP		允许
42	2022/12/03 17:14:06	89.248.165.196	荷兰	58.213.123.106	南京	50620	12144	TCP		允许
43	2022/12/03 17:14:00	89.248.163.157	荷兰	58.213.123.106	南京	59572	33289	TCP		允许
44	2022/12/03 17:13:53	89.248.165.22	荷兰	58.213.123.106	南京	46503	16415	TCP		允许
45	2022/12/03 17:13:52	175.112.178.201	韩国	58.213.123.106	南京	46695	23	TCP		允许
46	2022/12/03 17:13:52	112.74.34.246	深圳	58.213.123.106	南京	51184	6379	TCP		允许
47	2022/12/03 17:13:49	89.248.165.22	荷兰	58.213.123.106	南京	50338	36176	TCP		允许
48	2022/12/03 17:13:47	157.245.176.32	美国	58.213.123.106	南京	43203	995	TCP		允许
49	2022/12/03 17:13:47	92.63.197.12	俄罗斯	58.213.123.106	南京	56109	63453	TCP		允许
50	2022/12/03 17:13:43	92.63.197.12	俄罗斯	58.213.123.106	南京	56109	63675	TCP		允许
51	2022/12/03 17:13:43	89.248.165.196	荷兰	58.213.123.106	南京	50620	11883	TCP		允许

图 6.19 防火墙捕获的访问记录

6.2.2.3 威胁识别次数

导出防火墙自动识别的威胁类型排名图，如图 6.20 所示。

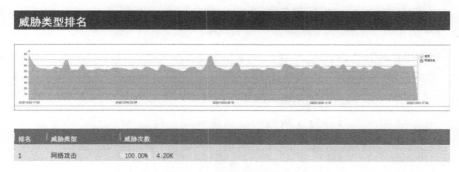

图 6.20　威胁类型排名

由图 6.20 可知，访问信息"次数"中包含的网络攻击行为均被有效识别。在 1024215 次访问中有 4200 余次明显攻击行为，占总数的 0.4%。

6.2.2.4 当前网络环境拓扑

本次用于网络攻防测试的网络拓扑如图 6.21 所示。

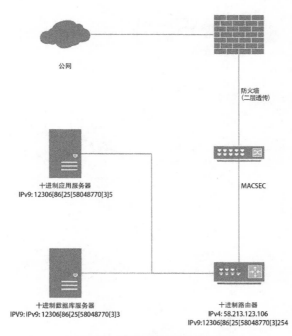

图 6.21　网络攻防测试拓扑图

由图 6.21 可知，从公网到内部机房放置一个硬件防火墙，开启二层透明传输，不做任何中间代理行为。在防火墙后添加 MACSEC 信息安全设施，用于加解密压缩混淆数据包内容。在 MACSEC 之后放置 FNV9 路由器，配置公网 IPv4 及 IPV9 地址，并在路由器下部署十进制应用服务器和十进制数据库服务器，两台服务器仅配置 IPV9 地址。

外部访问内部服务时，从公网经过防火墙，经过 MACSEC 信安设备混淆数据包内容访问 FNV9 路由器，由路由器做中间代理分别转发至对应的应用服务器或数据库服务器，数据再由原路返回。

综上所述，外部入侵未能通过测试系统开放的端口及服务渗透入内，未能有效干扰测试系统提供正常服务。测试系统在当前网络环境下是安全的。

第 7 章　自主可控服务器操作系统

服务器操作系统一般指的是安装在大型计算机上的操作系统，例如 Web 服务器、应用服务器和数据库服务器等，是企业 IT 系统的基础架构平台，是按照应用领域划分的三个类型操作系统之一（另外两种分别是桌面操作系统和嵌入式操作系统）。同时，服务器操作系统也可以安装在个人电脑上。相较于个人版操作系统，在一个具体的网络中，服务器操作系统需要承担额外的管理、配置、稳定、安全等功能，处于每个网络中的核心部位。操作系统为多用户多任务系统，允许多个用户同时登录系统，同时执行多个任务。本章主要介绍使用服务器操作系统时，用户必须了解的入门知识及基本操作。

7.1　系统登录与退出

使用服务器操作系统，必须使用账户登录系统。为了让系统确认身份，这个过程是有必要的。服务器操作系统支持多个用户同时使用，因此，须能够区别不同的用户，以便于给不同的用户授予不同的访问权限及运行应用程序的权利。

用户成功登录后，自动进入当前用户目录。

7.1.1　登录界面

服务器操作系统默认为用户提供简洁的图形化登录界面，在登录界面选择对应的用户名图标，输入该用户的密码后，单击"登录"按钮或按"Enter"键即可登录进入系统，如图 7.1 所示。

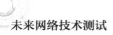

图 7.1　登录界面——输入密码

在 Linux 系统中输入用户名、密码与命令时，一定要区分大小写。

7.1.2　注销和切换用户

如果其他用户需要使用该系统，当前用户可注销或者切换用户，如图 7.2 所示。

图 7.2　注销界面[①]

注销相当于通知系统该用户将不再使用此系统的资源，所有该用户已启动的程序和打开的文件都将被关闭。切换用户则仅退出当前操作界面，所有应用程序仍将继续运行，当重新登录时，系统保持切换时的状态。

注销操作和切换用户操作可以通过顶栏右侧的系统托盘，单击托盘右端的三角图标，单击当前用户名称，选择"切换用户"或者"注销"。

---

① 图中"帐号"应为"账号"，系软件系统显示。

单击注销后，系统弹出确认对话框，用户可以等待 60 秒后由系统自动注销，或直接单击"注销"使其立即生效。其中，在 60 秒之内也可以单击"取消"按钮取消"注销"操作。

7.1.3 关机与重启

作为一般用户，不得执行此类操作。由于服务器系统为多用户多任务系统，该设备上通常提供不间断的重要服务，错误执行关机或重启操作，可能会导致业务中断或数据丢失，造成不可挽回的损失。

7.2 图形界面介绍

用户登录系统后，操作系统默认进入图形化界面。其中，主要包括界面中间的窗口界面，上方的顶栏和下方的窗口面板，设置界面如图 7.3 所示。

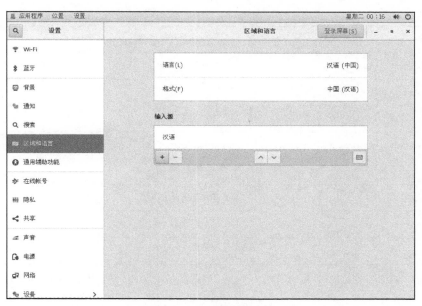

图 7.3 设置界面示意

（1）顶栏

顶栏为各种应用程序、文件目录和系统设置的入口，用户可在该处找到常用的应用程序、文件目录和系统设置。顶栏从左至右分别为应用程序、位置、输入法、日期、音量、电源管理，以及系统设置的入口。其中，顶栏右侧图标区域，统称为系统托盘。

（2）设置

用户可通过系统托盘，单击设置图标进入系统设置窗口。此处提供三类设置工具，各种基本的系统设置。用户可在此处设置系统的区域语言、用户、时间日期、系统背景和快捷键等。

（3）系统快捷键

在设置界面，用户可单击键盘图标查看和设置快捷键。常用的系统操作快捷键如表 7.1 所示。

表 7.1　系统操作快捷键

快捷键	对应功能
<Shift>	中英文输入切换
<Alt+F2>	显示运行命令提示符
<Super+S>[①]	显示活动大纲
<Ctrl+Alt+ 删除 >	注销
<Super+L>	锁定屏幕
<Super+M>	显示消息托盘
<Super+N>	聚焦到活动通知
<Super+S>	显示活动概览
<Super+A>	显示所有应用程序
<Super+F10>	打开应用程序菜单

① Super 键即为键盘上的 Win 键或者 Command 键盘，一般位于空格的左侧。

（4）使用中文输入法

如需使用中文输入法，请先保证系统的区域设置为中文，如图 7.4 所示。

图 7.4　切换输入法示意

输入如下命令，显示当前的系统区域：

~]$ localectl status

如果区域设置不是中文，列出系统中有效的区域选项，请输入：

~]$ localectl list–locales

设置默认系统区域，请用 root 用户输入以下命令：

~]$ localectl set–locale LANG =zh–CN.utf8

桌面顶栏系统托盘处显示"zh"，设置成功。用户可通过"Shift"键切换中英输入法。

7.3　使用命令行

（1）Shell 简介

用户和操作系统的接口称为 Shell，Shell 是操作系统的最外层，Shell 集成编程语言以控制进程和文件，启动和控制其他程序。Shell 通过提示用户输入，向操作系统解释该输入处理来自操作系统的所有结果，并以这种方式管理操作系统和用户之间的交互。

Shell 提供用户与操作系统的通信方式。这种通信方式以交互的方式进行（键盘输入即时执行），也可作为 Shell 脚本执行。Shell 脚本是 Shell 操作命令的序列，存储在文件中。

当登录到系统后，系统定位到要指向的 Shell 名称。在执行后，Shell 显示一个命令提示符。当用户为一般用户时，提示符通常是 $（dollar 符号）；当用户为 root 用户时，提示符为 # 符。

在提示符后输入命令并按下 Enter 键时，Shell 评估命令并尝试执行。根据命令指示，Shell 将命令输出到当前屏幕或者重定向到其他输出设备。之后 Shell 返回命令提示符，等待下次输入。

目前，有若干种主流的 Shell，操作系统默认采用 Bash Shell。用户可在图形化界面中，在桌面的空白处或者文件目录的空白处单击右键，选择快捷菜单中的打开终端，即可使用 Shell。

Shell 与系统交互的主要优点如下。

● 文件名中的通配符替换（模式匹配）

通过指定匹配模式对一组文件执行命令，而不是指定实际的文件名称。

● 后台处理

对于运行时间很长的命令，可设置为后台执行，以释放终端并进行交互处理。

● 支持命令别名

对于较长的命令，可定义一个别名，在 Shell 指向命令时，会自动代入别名所表示的命令。

● 命令历史

Shell 将输入的命令记录在历史文件中，可以使用该文件轻松访问，修改和重新执行任何已执行的命令。

● 文件名替换

使用模式匹配字符在命令行上自动生成文件名称列表。

● 输入输出重定向

重定向输入，不从键盘的输入，并将输出重定向到文件或者除终端之外的设备。例如程序的输入可由文件输入，并重定向到打印件或另一个文件中。

● 管道

将任意数量的命令链接在一起形成复杂的程序。将一个命令的输出作为另一个命令的输入。

● Shell 变量替换

存储用户定义的变量和预定义的 Shell 变量中的数据。

（2）打开终端

操作系统默认进入图形界面，如图 7.5 所示。在图形化环境下，可以利用终端程序进入 Shell 命令，启动命令行终端的方法为：在系统桌面或文件目录中的任意空白位置单击右键，选择打开终端，即可进入 Shell 界面。

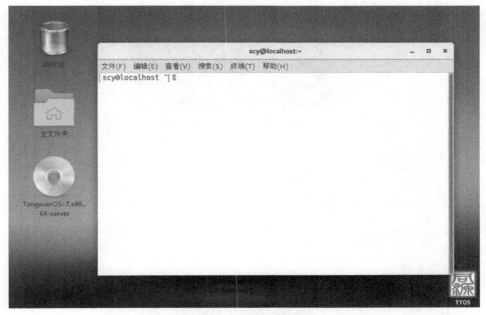

图 7.5　Shell 启动窗口

要退出终端程序，可单击窗口右上角的"关闭"按钮，或在 Shell 提示符下键入"exit"，也可按快捷键"Ctrl+D"。

（3）切换到控制台

控制台是非图形化的操作系统环境中的 Shell 提示符窗口，用于管理系统中物理的或虚拟的终端（tty）。用户可通过组合按键"Ctrl + Alt + [F1–F6]"快速切换到虚拟控制台 tty1–tty6。X Windows 通常使用第一个未使用的控制台，因此，它可能位于这六个控制台中的任意一个，往往取决于图形界面启动时哪个系统刚好被选中。用户可尝试不同的快捷键，以切换回当前的图形界面。startx 命令则快速地返回控制台所对应的图形界面，此处的图形界面并

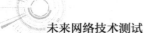

非系统启动时默认进入的图形界面。

（4）运行命令

如需运行应用程序，可通过快捷键"Alt+F2"，打开如图 7.6 所示的命令输入窗口。

图 7.6　在图形界面下命令启动

7.4　基础知识

下面介绍一些在操作时常用的命令。

7.4.1　命令和帮助

（1）命令

命令是执行操作或运行程序的请求。可使用命令告诉操作系统想要执行何种任务。当输入命令时，Shell 对命令进行解释并处理该任务。

命令行为输入所在行，它包含 Shell 提示符。每行的格式如下：

~]$ commandname option(s) argument(s)

为了方便记录和理解，规定了命令的表示方法，即命令的语法。通过了解命令的语法，用户可以快速读懂各种命令帮助文档。

下面以 man 为例，讨论命令的语法。例如，输入：

~]$ man man

获得 man 命令的帮助页面，可以看到关于命令 man 的若干语法描述，这些描述可能看起来像这样：

man-k [–M path] keyword...

其中，方括号 [ ] 表示可选单元，因此，可以不使用 –M 选项，如果使用了 –M

选项，就必须指定 path 参数；必须使用 –k 选项和 keyword 参数；省略号表示可以有多个参数。

以下是关于命令的一些语法规定：

● 命令和参数之间的空格不可省略。

● 如需在同一行上输入两个命令，可通过分号";"分隔命令。Shell 将顺序地执行命令。

● 命令区分大小写。

● 超过一行的命令可以用反斜杠"\"跨行输入。

● 在使用命令的过程中，如果用户不清楚命令的具体用法，可通过 man 命令查看命令的用法。例如：

~]$man commandname

（2）帮助

操作系统提供几种不同的帮助文档，用户可根据不同的应用场景使用对应的帮助，以解决在使用中遇到的问题。根据问题提示，配合使用相关的帮助文档，用户可以自行解决日常工作中遇到的简单问题，如图 7.7 所示。

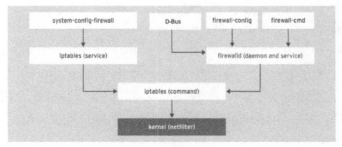

图 7.7　帮助示例

操作系统的帮助有以下几种：

● man 页面，用 man 命令调出。

● info 页面，用 info 命令调出。

● /usr/share/doc/package 目录，其中，package 为各软件包的名称。

● 许多命令自带 –h 或者 ––help 选项。在命令中输入该选项，即可查看命令的帮助。

另外，还可参阅 Linux 系统相关的书籍。这些书籍的内容通常适用于所有基于 Linux 的系统，也包括操作系统。

通常 man 页面包含大部分帮助内容，info 文档用于辅助 man 页面，如果这两个命令都没有相关的帮助，可以查看 /usr/share/doc/package 中是否有相关内容。如果都不能解决问题，可以尝试搜索网上的资源。

7.4.2　进程

（1）概述

实际运行在计算机的程序或命令称为进程。系统在进程启动时，会将进程标识号（PID 号）指定给每个进程。即使多次启动同一程序，每次启动时系统都将赋予不同的 PID。操作系统为多任务系统。所谓的多任务，就是系统运行多个进程共享同一个处理器和其他系统资源。

根据进程的工作方法，可将进程分为前台进程和后台进程。要求用户启动或者与其进行交互的进程称为前台进程，独立于用户的进程称为后台进程。

常见的进程有守护进程和僵尸进程。守护进程是无人值守的进程，在后台运行。守护进程通常在系统启动时启动，一直运行至系统关闭。守护进程通常执行系统服务，关于系统服务的详细内容。

僵尸进程则是指死的进程，其不再执行但仍在进程表中可识别，换句话说，其仍然具有 PID。用 ps 命令列出进程时，僵尸进程显示为"defunct"。僵尸进程的存在通常表示它的父进程可能存在问题，僵尸进程的堆积可能导致系统性能的急剧下降。在找出问题的根源后，用户可尝试使用 kill 命令杀死对应的进程。

（2）常用命令

1）启动进程

在 Shell 中输入命令或者程序名称，即可启动进程。以这种方式启动进程，进程将以前台方式运行。进程如需在后台运行，可在命令后紧跟 & 符号，进程将以后台方式运行。

在前台启动进程，输入命令名称，并带相应的参数：

~]$ CommandName

在后台运行进程，输入命令名称，并带相应的参数，后面紧跟 & 符号：

~]$ CommandName&

2）检查进程状态（ps 命令）

系统运行时，进程也在运行。可以使用 ps 查看哪些进程正在运行，并显示进程的状态。查看系统所有进程，请输入如下命令，ps 的具体用法，请参见 man 帮助页面。

~]$ ps –ef

命令的输出结果类似如下：

UID	PID	PPID	C STIME TTY	TIME CMD
root	1	0	0 09:49 ?	00:00:04 /usr/lib/ystem/ystem–switched–root –system –deserialize 21
root	2	0	0 09:49 ?	00:00:00 [kthreadd]
root	3	2	0 09:49 ?	00:00:02 [ksoftirqd/0]
root	7	2	0 09:49 ?	00:00:00 [migration/0]
root	8	2	0 09:49 ?	00:00:00 [rcu_bh]
root	9	2	0 09:49 ?	00:00:06 [rcu_sched]
root	10	2	0 09:49 ?	00:00:00 [watchdog/0]
root	12	2	0 09:49 ?	00:00:00 [kdevtmpfs]
root	13	2	0 09:49 ?	00:00:00 [netns]

⋮

输出各列的定义如下：

UID：用户登录名称；

PID：进程标识；

PPID：父进程标识；

C：进程 CPU 使用率；

STIME：进程开始时间；

TTY：控制台；

TIME：进程的总执行时间；

CMD：命令。

此外，用户还可使用 top 命令查看进程的状态，top 命令显示系统上正在运行的进程的实时列表。同时，还显示其他信息，包括系统正常运行时间、当前 CPU 和内存使用率、正在运行的进程总数，还允许执行诸如存储列表或杀死进程等动作。

如需运行 top 命令，请在 Shell 提示符下输入如下：

top

top 命令显示进程号 ID（PID）、进程所有者实际的用户名称（USER）、优先级（PR）、nice 值（NI）、进程使用的虚拟内存大小（VIRT）、进程使用的非交换的物理内存大小（RES）、进程使用的共享内存大小（SHR）、进程状态字段（S）、CPU 百分比（%CPU）、内存使用率（%MEN）、累计 CPU 时间（TIME+）和可执行文件的名称（COMMAND）等。例如：

~]$ top

top– 16:42:12 up 13 min, 2 users, load average: 0.67, 0.31, 0.19

Tasks: 165 total, 2 running, 163 sleeping, 0 stopped, 0 zombie

%Cpu(s): 37.5 us, 3.0 sy, 0.0 ni, 59.5 id, 0.0 wa, 0.0 hi, 0.0 si, 0.0 st

KiB Mem : 1016800 total, 77368 free, 728936 used, 210496 buff/cache

KiB Swap: 839676 total, 776796 free, 62880 used. 122628 avail Mem

PID USER PR NI VIRT RES SHR S %CPU %MEM TIME+ COMMAND

3168 sjw 20 0 1454628 143240 15016 S 20.3 14.1 0:22.53 gnomeShell

4006 sjw 20 0 1367832 298876 27856 S 13.0 29.4 0:15.58 firefox

1683 root 20 0 242204 50464 4268 S 6.0 5.0 0:07.76 Xorg

4125 sjw 20 0 555148 19820 12644 S 1.3 1.9 0:00.48 gnometerminal–

10 root 20 0 0 0 0 S 0.3 0.0 0:00.39 rcu_sched

⋮

3）杀死进程

用户可以使用 kill 命令杀死进程。在使用 kill 命令之前，用户必须先知道 PID。kill 命令的一般格式如下：

~]$ kill PID

注意：

- 只有 root 用户或者启动进程的用户才能杀死对应的进程。
- 如需杀死僵尸进程，必须先杀死它的父进程。

7.4.3　用户和组

（1）概述

用户可以是一个与物理用户（人）绑定的账户或者和某个应用绑定的账户。组则是一个组织的逻辑表达，通常是某些用户的集合，这些用户有共同的目标。组中的用户共享组权限，对文件具有相同的读、写、执行权限。

每个用户都有唯一的数字标识，即用户 ID（UID）。同样的，每个组也有一个组 ID（GID）。创建文件的用户为该文件的所有者，该用户所属的组也是该文件的所有者。文件对所有者、组、任何人（everyone）有不同的读、写、执行权限。root 用户可以更改文件的所有者，文件的访问权限可以被 root 用户和文件的所有者更改。

此外，操作系统支持文件和目录的访问控制列表，允许除了所有者以外的指定用户设置文件或目录的访问权限。

（2）常用命令

用户可通过 su 命令切换不同的用户，用 sudo 命令提升用户权限。命令的具体用法，参见 man 帮助页面。

7.4.4　文件和目录

（1）概述

文件系统由目录及目录中的文件组成。文件系统通常按照树形结构进行组织。文件系统的根目录以斜杠（/）表示，显示在文件系统树形图的顶部，如图 7.8 所示。目录主从树形图的根目录向下分支，可同时包含子目录和文件。分支通过目录结构为文件系统的每个对象创建唯一路径。

文件是可以读取或写入数据的集合。文件可以是创建的程序、写入的文本、获取的数据或者使用的设备。命令、打印机、终端和应用程序都存储在文件中；文件存储在目录中，如图 7.9 所示。

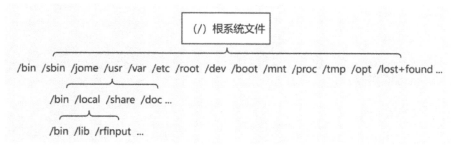

图 7.8　系统目录结构示意

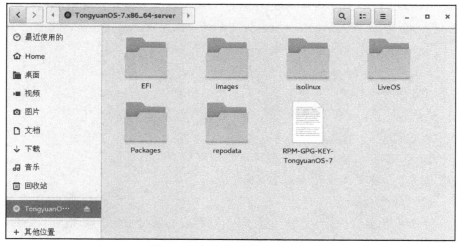

图 7.9　文件存储的目录结构

　　操作系统 OS 系统的目录结构如表 7.2 所示。用户可通过表 7.2 了解各个目录的作用和所存储的文件。

表 7.2　系统目录

目录	描述
/	根目录
/bin	/usr/bin 目录的符号链接
/dev	包含本地设备专用文件的设备节点。/dev 目录包含用于磁带机、打印机、磁盘分区和终端的特殊文件
/etc	包含每台机器不同的配置文件。例如：/etc/hosts 和 /etc/passwd
/export	包含服务器上用于远程客户机的目录和文件

续表

目录	描述
/home	作为文件系统中用户主目录的挂载点。/home 目录包含每个用户的文件和目录。在一个脱机的机器中，独立的本地文件系统挂载在 /home 目录中。在网络中，一个服务器的用户文件可以从若干台机器进行访问。在这种情况下，该服务器的 /home 目录被远程挂载到本地 /home 文件系统中。
/lib	/usr/lib 目录的符号链接，包含名为 lib*.a 格式的独立于体系结构的库。
/sbin	包含引导机器和安装 /usr 文件系统所需的文件
/tmp	作为系统生成的临时文件的挂载点
/usr	作为文件系统的挂载点，该目录包含不可更改并为机器共享的文件（如可执行程序和 ASCII 文档）。独立机器在 /usr 目录中挂载独立的本地文件。无磁盘或磁盘资源贫乏的机器在 /usr 文件系统上安装来自远程服务器的目录
/var	作为每台机器不同文件挂载点。/var 目录配置成一个文件系统，因其所包含的文件趋于增长。例如它是 /usr/tmp 目录的符号链接，该目录包含临时工作文件
/lib64	64 位的 lib 库
/media	Linux 系统会自动识别一些设备，例如 U 盘、光驱等。当识别后，Linux 会把识别的设备挂载到该目录下
/mnt	该目录是默认的文件系统临时挂载点，这是一个通用的安装点，可以临时安装任何文件系统或远程资源
/opt	该目录用来安装附加软件包，用户调用软件包程序放在目录 /opt/package_name/bin 下，package_name 是安装软件包的名称
/root	超级用户 root 的主目录（在 Linux 系统中，斜杠字符 "/" 是整个系统的根目录，而非超级用户的主目录）
/sys	该目录集成了 3 种文件系统的信息，即针对进程信息的 proc 文件系统、针对设备的 devfs 文件系统及针对伪终端的 devpts 文件系统。该文件系统是内核设备树的一个直观反映。当一个内核对象被创建时，对应的文件和目录也在内核对象子系统中被创建
/misc	存放杂项文件和目录
/proc	进程文件系统 proc 的根目录，部分文件分别对应正在运行的进程，可用于访问当前进程的地址空间。它是一个非常特殊的虚拟文件系统，其中并不包含"实际的"文件，而是可引用当前运行系统的系统信息，如 CPU、内存、运行时间、软件配置及硬件配置的信息，这些信息是在内存中由系统自己产生的
/run	该目录存放系统运行时所需临时文件，系统重启时清空该文件
/srv	该目录存放一些服务启动之后需要提取的数据
/selinux	该目录存放 selinux 相关的文件，只有开启了安全功能的系统才会有该目录

（2）访问权限

文件和目录的操作与文件的访问权限密切相关，如何正确地使用文件和目录，需要先了解访问权限。

文件的所有者由创建文件的用户 ID 来标识。文件的所有者确定谁可以读写或者执行文件，所有权可以使用 chown 命令修改。

一个用户 ID 会对应一个或若干个组，表示它属于该组。当创建新文件时，操作系统指定创建它的用户、包含该用户的组和其他用户组对该文件的权限。可用 id 命令显示用户 ID（UID）、组 ID（GID）和所属的所有组的名称。如需找出用户所属的组名，请使用 groups 命令列出一个用户 ID 所属的所有组。

可用 ls –l 命令列出文件，显示文件或者目录的权限。

```
~]$ ls –l
总用量 364
dr–xr–xr–x.   2 root root  77824 10 月 18 10:07 bin
drwxr–xr–x.   2 root root      6 11 月  5 2016 etc
drwxr–xr–x.   2 root root      6 11 月  5 2016 games
drwxr–xr–x.  60 root root   8192 10 月 18 10:02 include
dr–xr–xr–x.  51 root root   4096 10 月 18 10:06 lib
dr–xr–xr–x. 186 root root 110592 10 月 18 10:06 lib64
drwxr–xr–x.  53 root root   8192 10 月 17 13:29 libexec
drwxr–xr–x.  12 root root   4096 11 月  5 2016 local
dr–xr–xr–x.   2 root root  28672 10 月 18 10:07 sbin
drwxr–xr–x. 317 root root   8192 10 月 18 10:06 share
drwxr–xr–x.   4 root root     55 10 月 18 10:06 src
lrwxrwxrwx.   1 root root     10 5 月  22 11:27 tmp –> ../var/tmp
```

以如下内容为例，详细解释文件或目录的权限。

```
dr–xr–xr–x.  2 root root 77824 10 月 18 10:07 bin
```

字符串 dr–xr–xr–x 指定文件或者目录的权限。其中：

● 第一个字符代表文件的类型，有如下几种类型：

– 常规文件；d 目录；b 块专用文件；c 字符专用文件；l 链接文件；s 套接字。

● 其余每三个字符代表一组权限，依次为文件所有者权限、同组用户权限、其他用户权限。每组权限的三个字符依次表示是否可读、是否可写、是否可执行。

r　表示可读，用户具有查看权限。

w　表示可写，用户具有修改权限。

x　表示可执行，对于可执行文件，用户具有执行该文件的权限；对于目录，用户具有搜索该目录的权限。

－　表示没有该权限。

可用 chown 命令修改文件所有者，用 chmod 修改文件权限。命令的具体用法，参见 man 帮助页面。

除了用 r、w、x 等表示文件的权限，还可以数字表示文件的权限，也称为权限掩码。读权限用 4 表示，写权限用 2 表示，执行权限用 1 表示。1 到 7 表示不同的访问权限，数字和上述介绍的 r、w、x 权限表示方法的对应关系如图 7.10 所示。

图 7.10　权限掩码图示

（3）常用命令

为了操作系统，需要知道如何创建、移动、重命名和删除文件和目录，下面介绍如何使用标准的命令实现这些操作。

学习的最好方式就是尝试，可在命令行提示窗口中输入如下命令，并按下 Enter 键查看命令的运行结果。练习如下命令时，请使用非 root 用户，这样不会产生任何严重的后果。在练习过程中，如果遇到问题，请使用 man cmdname 查看命令的 man 帮助页面，如表 7.3 所示。

表 7.3　man 帮助页面释义

whoami	显示当前用户，请不要用 root 用户执行接下来的练习
pwd	查看当前工作目录，在使用 Shell 时，您通常需要搞清楚当前所在的目录，才能正确地执行适当的命令
groups	查看当前所属的组，还可用 more /etc/group 查看当前系统中所有的组。请关注 root 组（仅包含 root 用户）和当前用户所属的组（和当前用户名称相同）
ls	表示列出文件。当您输入 ls 时，系统列出当前工作目录的文件列表。如果当前目录没有任何文件，则输出结果为空
cd	表示改变目录，如 cd / 表示进入根目录，cd .. 表示进入当前目录上一层的目录。cd ~ 表示进入当前用户的主目录。 在学习接下来的内容之前，您需要知道有两种不同的文件路径。其中，以 /，根目录开始的文件路径为绝对路径，例如 /etc/profile。另外一种是相对路径。所谓相对路径，是指相对于当前文件目录，其中，.（一个半角句点）表示当前目录，..（两个半角句点）表示父目录。此外，如果一个文件路径不以根目录开始，例如 local/bin，就表示 ./local/bin，当前目录的子目录 local 下的 bin 目录。最后，~ 表示当前用户的主目录。例如当前用户为 user，那么 cd ~ 就等同于 cd /home/user
mkdir	创建目录，例如 mkdir practice 表示在当前目录下创建子目录 practice
cp	为 copy 的缩写，复制文件，例如 cp /etc/profile，表示在当前目录创建一个 /etc/profile 的副本。可用 ls 查看当前目录中是否存在 profile 文件
more 或者 less 命令	查看文件内容，例如 more profile，用于查看 profile 文件的内容，按空格键可向下滚动内容，如需退出文件，请按下 q 键
mv	移动文件，例如 mv profile .. 表示将当前目录的 profile 文件移动到当前文件的父目录中。如在目标参数指定文件的名称，例如 mv profile profile2，该命令还可以重命名文件
rm	删除文件或者目录。注意使用该命令删除文件，为永久地删除文件，执行操作后文件将无法再找回
rmdir	删除目录，仅能删除空目录，如果目录中包含文件，请使用 rm –r 命令
touch	将文件的修改时间更改为当前时间，如果指定的文件不存在，则创建文件
chmod	修改文件访问权限，具体用法请仔细查看 man 帮助页面
chown	修改文件所有者和组别，具体用法请仔细查看 man 帮助页面
vim	打开 VIM 文本编辑界面。可编辑任何 ASCII 文本，用户可用它编辑程序

7.4.5　使用文本编辑器

（1）文本文件

文本文件是指一般的字符文件，它包含人类可读的文本；二进制文件是经过计算机解析，机器可以读懂的文件，这两种文件都可以用 less 命令来查看。

输入 less /etc/profile 命令查看一个文本文件样本，输入 less /bin/ls 命令查看一个二进制文件。两者的区别很明显，即包含的内容各不相同，用途也不同。通常，文本文件可作为说明文件、脚本文件、程序代码源文件等，而二进制文件是程序的可执行文件。

（2）文本编辑器

文本编辑器就是用于创建和编辑文本文件的程序。大部分的操作系统都默认配备文本编辑器，例如 DOS 系统有 edit，Windows 系统配备记事本，而 Mac OS 则有 SimpleText。

操作系统默认提供 VIM 编辑器。下面介绍如何使用 VIM 创建和编辑文本文件，用户可通过这些内容掌握 VIM 的基本操作。

（3）使用 VIM 创建和编辑文本文件

VIM 是指 Vi IMproved，是向上兼容 Vi 的文本编辑器，它是 Vi 的增强版本，可用于编辑任何 ASCII 文本，特别适合用来编辑程序。

现在介绍使用工具创建和编辑文件，以下内容也适用 vi 本身和它的变体，如 elvis。

~]$ vi testfile

在当前文件，输入 vi 调用 VIM，然后输入创建的文件名称，会看到左侧有一列波浪符号（~），表示 VIM 处于命令模式，此刻输入的任何内容被当作命令。VIM 有两种模式，另一种模式为输入模式。为了输入文本，必须输入 i 或者 a 命令。可用 "Esc" 键切换回命令模式。

输入有两个命令：i 和 a，其中 i 表示在光标左侧输入，a 表示在光标右侧输入。

输入一些内容，下面是一首歌的歌词片段：

Another head hangs lowly

Child is slowly taken

And the violence caused such silence

Who are we mistaken

⋮

由于 vi 不能自动换行，需要在每一行后按回车换行。当完成输入后，请按 "Esc" 键，切换到命令模式。

完成编辑工作，进入命令模式，输入 :wq 命令。在命令行模式下，输入：表示将输入一些命令；w 表示写入刚才输入的内容，即保存，而 q 则表示退出。如果不想保存之前输入的内容就退出，请输入：q!，其中，! 表示强制的意思。创建文件后，还可以使用 cat、less 或者 more 之类的命令查看文件。

（4）编辑内容

根据以上内容，使用 vi testfile 打开现有文件，按下 i 进行输入模式，即可对文件进行编辑。在 VIM 中可以和使用记事本一样进行编辑。为了进一步方便用户编辑，VIM 在命令模式下，提供了一些快捷键，使用户可以快速定位内容，对内容进行增删改等操作，如表 7.4 所示。

表 7.4　编辑快捷键列表

按键	功能
a/i	插入
h	向左
j	向下
k	向上
l	向右
dd	删除一行
x	删除一个字符
10x	删除 10 个字符
2dd	删除两行
dw	删除当前位置右侧的单词

按键	功能
D	删除当前位置到行尾的内容
dnw	删除 n 个单词（也写成 ndw）
dG	删除从当前位置到文件末端的内容
d1G	删除从当前位置到文件开头的内容
d$	删除当前位置到行尾的内容
dn$	删除当前开始 n 行的内容
w	移动到下一个单词的开头
e	移动到下一个单词的结尾
E	移动到下一个空格之前的单词结尾
b	移动到前一个单词的开头
0（零）	移动行首
^	移动到当前行的第一个单词
$	移动到行尾
RET	换行
−	移动到前一行行首
G	移动到文件尾部
1G	移动到文件开始
nG	移动到 n 行
H	移动到当前屏幕的顶行
n|	移动光标到第 n 列
a	在光标的右侧插入
A	在行尾插入
i	在光标的左侧插入
I	在当前行的第一个非空字符左侧插入

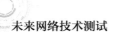

续表

按键	功能
o	在当前行下方插入一个新行
O	在当前行的上方插入一个新行
u	撤销上一步操作
U	撤销当前行的所有操作
：e！	撤销上次保存以来的所有操作
rc	用 c 替换光标选中的内容
R	覆盖文本
cw	修改当前单词
c$	修改当前位置到行尾的内容
cnw	修改下 n 个单词
C	修改当前位置到行尾的内容
s	用输入的字符替换文本
ns	替换 n 个字符
yy	复制当前行
nyy	复制下 n 行
yw	复制一个单词
ynw	复制 n 个单词
p	在光标右侧粘贴
P	在光标左侧粘贴
nP	在鼠标左侧粘贴 n 次
fc	向下查找字符 c
Fc	向上查找字符 c
tc	向下查找，移动到字符 c 的左侧

按键	功能
Tc	向上查找，移动到字符 c 的左侧
;	查找下一个
,	查找上一个
/text	向下查找 text
?　text	向上查找 text
n	重复 n 次之前执行过的 / 或者？搜索命令

7.4.6　输入输出重定向

（1）概述

当命令开始运行时，通常希望以下文件已经打开，即标准输入、标准输出和标准错误（有时称为错误输出或诊断输出）。系统用文件描述符来表示打开的文件，此时，三个文件的文件描述符分别为：文件描述符 0，表示标准输入；文件描述符 1，标准输出；文件描述符 2，标准错误。

当输入命令时，键盘就是标准输入。当完成命令时，屏幕就是标准输出。当执行命令遇到问题时，错误消息会定向到标准错误，在默认的情况下，就是屏幕。可以更改输入输出的缺省操作，将文件作为输入，将命令的结果写入到文件中。这类操作就称为输入 / 输出重定向。

将命令的输出定向到文件，称为输出重定向；将文件作为命令的输入，称为输入重定向。重定向在输出结果冗长、输入复杂时，都能派上用场。

（2）常用命令

1）重定向标准输出

在命令的结尾处添加 > filename，命令的输出写入到指定的文件中。> 符号称为输出重定向运算符。任何可将其结果输出到屏幕的命令都可以使其重定向到文件。

例如，将 who 命令的输出定向到名为 users 的文件，可输入如下命令：

~]$ who > users

如果 users 文件已经存在，该命令会替换文件的内容。重定向符号也可指定文件的完整路径。可用 cat users 查看文件的内容。

重定向符号 > 会覆盖文件原来的内容，此外还有其他的选择，附加重定向符号 >>。使用该符号会将输出追加到原来文件的末尾，例如如下命令将 file2 的内容追加到 file1 中：

~]$ cat file2 >> file1

通过键盘重定向来创建文本文件；

单独使用 cat 命令时，可以将在键盘键入的任何内容，重定向到文件中。在新行上按下 <Ctrl+D> 时，表示输入结束。

~]$ cat > filename
~]$ This is a test.
^D

连接文本文件：将各种文件合并到一个文件中，称为连接。

以下示例创建 file4，由 file1、file2 和 file3 按照如下顺序连接而成。

~]$ cat file1 file2 file3 > file4

2）重定向标准输入

在命令的结尾处添加 < filename，命令从指定文件读取输入。< 符号称为输入重定向运算符。通常只有从键盘获取输入的命令才能使用输入重定向。

例如要使 mail 命令将文件的 letter1 作为消息发给用户 denise，输入如下命令：

~]$ mail denise < letter1

使用 /dev/null 文件丢弃输出：/dev/null 文件为特殊文件。此文件的显著属性是它总是空的，任何发送到 /dev/null 的内容都会被丢弃。当运行希望忽略输出的程序或者命令时，这个功能非常有用。

例如有一程序 myprog，它接受来自屏幕的输入，但在运行时，不希望它将输出的消息显示在屏幕上。可输入如下命令，从 myscript 读取输入，丢弃输出的消息。

~]$ myprog < myscript > /dev/null

3）重定向错误输出和其他输出

除了标准的输入和输出以外，命令还会产生其他类型的输出，例如称为诊断输出的错误或状态消息。如同标准输出一样，标准错误输出会被写到屏幕上。

重定向错误输出或者其他输出，需要使用文件描述符。文件描述符是 Linux 系统用于访问文件，或者其他输入输出资源的、抽象的指示符（句柄）。文件描述符通常为一个非负整数。标准输入、标准输出、标准错误默认的文件描述符分别为 0、1、2。

如需重定向标准错误输出，在输出前输入文件描述符 2，或在符号后追加重定向符号（> 或者 >>）和文件名称。如下命令将编译文件 testfile.c 过程中产生的错误输出追加重定向到 ERRORS 文件中。

~]$ cc testfile.c 2 >> ERRORS

还可使用文件描述符 0 到 9 重定向其他类型的输出。例如将 cmd 命令的输出从定向到文件描述符为 9，名为 savedata 的文件中：

~]$ cmd 9 > savedata

（3）应用实例

1）重定向内嵌输入（here）文档

如果命令为如下格式：

~]$ command << delimiter

here document content

⋮

delimiter

delimiter 可以是不包含模式匹配的任意字符串，从第一个 delimiter 开始，Shell 将后续行作为 command 的输入，直到再次出现 delimiter 为止。两个 delimiter 之间的内容被称为内嵌输入文件或者 here 文档。

在将 here 文档的内容传递给命令之前，here 文档中的内容会默认先执行变量替换和模式匹配。如需禁止提前执行此类操作，可在 delimiter 之前加上 \。例如：

cat<< \EOF

content

⋮

EOF

此外，如果为了方便阅读，在 here 文档使用 tab 键添加了多余的缩进，可在 delimiter 之前键入 –，使得命令在执行时自动删除行首的 tab 符号。例如：

cat<< –xyz

content

⋮

xyz

2）使用管道命令

使用管道（ | ），可以连接两个或者多个命令，以便将一个命令的标准输出作为另一个命令的标准输入。通过管道，可以将多个单一目的的命令组合成一个功能强大的命令集合。

以下案例，使用 grep 命令搜索 7 月创建或者修改的文件。

~]$ ls –l | grep Jul

在该样例中，ls 命令的输出是 grep 命令的输入。

3）显示程序输出并复制到文件（tee 命令）

tee 命令与管道一同使用读取标准输入，然后将程序的输出写入到标准输出，并同步将其复制到指定的文件或者多个文件中。

例如输入如下命令：

~]$ ps –ef | tee program.ls

该样例在屏幕上显示 ls –l 的输出，同时将其副本追加到 program.ls 文件的末尾。

该命令输出类似以下信息，program.ls 文件包含相同的内容。

总用量 3004

–rw–rw–r––. 1 user user　666 10 月 23 13:18 1.txt

–rw–r––r––. 1 root root 3066130 5 月　8 13:53 Desktop

drwxr–xr–x. 2 user user　6 1 月　5 2017 公共

drwxr–xr–x. 2 user user　6 1 月　5 2017 模板

drwxr–xr–x. 2 user user　6 1 月　5 2017 视频

drwxr-xr-x. 2 user user　　4096 10 月 23 13:20 图片

drwxr-xr-x. 3 user user　　17 10 月 18 14:25 文档

drwxr-xr-x. 2 user user　　88 5 月　22 11:13 下载

drwxr-xr-x. 2 user user　　6 1 月　5 2017 音乐

drwxr-xr-x. 2 user user　　6 10 月 18 14:25 桌面

4）清除屏幕（clear 命令）

使用 clear 命令清空消息和键盘输入。

在命令行提示符后，输入如下：

~]$ clear

5）将消息发送到标准输出（echo 命令）

使用 echo 命令在屏幕上显示消息。

例如输入如下命令，在标准输出，即屏幕上显示消息。

~]$ echo Please insert diskette...

屏幕将显示如下消息：

Please insert diskette...

此外，还可以将 echo 命令和模式匹配字符一同使用。

~]$ echo the back-up are:*.bak

输出将显示该目录下所有扩展名为 bak 的文件。

将单行文本附加到文件（echo 命令）

使用 echo 命令和重定向将单行文本添加到文件中。

~]$ echo Remember to backup mail files by the end of week. >>notes

此命令将"Remember to backup mail files by the end of week."追加到文件 notes 中。

7.4.7　使用磁盘

（1）概述

在介绍之前，需要了解几个与磁盘相关的概念。特别需要理解文件系统的概念，有如下几个意义，比较容易混淆。

文件系统是指整个目录树，从根目录"/"开始的目录树。

文件系统通常表示特定物理设备上文件和目录的组织方式。组织方式是指目录的层次结构，以及其他可作为追踪的文件信息，如文件大小，谁修改了文件等。因此，可能在硬盘上有一个文件系统，在其他盘上有另一个文件系统。

文件系统也可用于表述一种文件系统。例如 MS-DOS 和 Windows 3.1 按照特殊的方式和规则来组织文件：如文件名称只能有 8 个字符，不存储文件的权限信息等。Linux 则把这称作 msdos 文件系统。Linux 也有自己的文件系统，被称为 ext2 文件系统。常常会用到 ext2 文件系统，除非从其他操作系统访问文件。

希望用来存储文件的物理设备上必须至少有一个文件系统，此处的文件系统是指第二个概念，即文件和目录的体系结构和它们的相关信息。当然，任何文件系统都有对应的类型，这时候就会用到第三个概念。如果单个设备上有多个文件系统，每个文件系统可以有不同的类型，例如硬盘上可以同时有 DOS 分区和 Linux 分区。

在 Linux 系统中，物理设备也被当作文件处理。物理设备上可能有一个或多个文件系统，为了访问设备，必须为设备上的文件系统指定目录，这个目录就被称为挂载点。例如将 CD 挂载到 /cdrom，这表示查看"/cdrom"，就能看到 CD 的所有内容。此时根本不需要关心该目录所在的实际的物理设备，只需与访问一般目录一样使用该目录。

但是，在挂载文件系统之前，或在一个未使用的磁盘上实际创建一个文件系统，需要知道设备的名称。可在"/dev"目录中查看所有设备的名称，使用"ls /dev"命令可以看到设备的名称。系统通常有这几种设备：

/dev/hda 为 IDE 驱动器 A，通常是指硬盘 A。

/dev/hdb 为 IDE 驱动器 B，通常是指第二块硬盘。

/dev/hda1 为 IDE 驱动器 A 的第一个分区。

/dev/sda 为 SCSI 磁盘 A。

/dev/fd0 为第一个软盘驱动器，由于软盘没有分区，因此采用数字排序方式。

/dev/ttyS0 为第一个串口。

（2）常用命令

下面以一个简单的实例展示如何进行挂载操作。

假定将 CD-ROM 挂载到系统中，为了完成该操作，需要使用 root 用户，并确保 CD 已经插入到设备中。

1）su

如果不是以 root 用户登录系统，需要切换到 root 用户或提升到 root 用户权限。输入 su 命令后，系统会提示输入 root 用户密码。

2）ls /cdrom

执行挂载之前，先查看"/cdrom"目录中的内容。如果系统中没有"/cdrom"目录，需用"mkdir /cdrom"创建目录。

3）mount

仅输入 mount，不带任何参数。列出当前挂载的文件系统。

4）mount -t iso9660 CD device /cdrom

在上述命令中，用 CD-ROM 设备的名称替换 CD device。如果无法确定 CD-ROM 的名称，尝试使用"/dev/cdrom"，系统一般默认创建对应的符号链接。如果不是这个名称，请尝试使用"/dev/hdc"，可能看到类似如下的消息：

mount: block device /dev/hdc is write-protected, mounting read-only

-t 选项指定文件系统的类型，该样例为 iso9660。大部分的 CD 的文件系统都是 iso9660。随后是即将挂载的设备的名称，最后一个参数为挂载点。mount 的其他参数，请参见 man 帮助页面。

CD 一旦被挂载后，就无法弹出 CD 托盘，需要卸载 CD 后，才能弹出 CD 盘。

5）ls /cdrom

检查"/cdrom"现在包含 CD 中的所有内容。

6）mount

查看已挂载文件系统列表，确定 CD 驱动器已挂载。

7）umount /cdrom

卸载该 CD。注意，命令 umount 并不带"n"字符。

8）exit

基于安全的考虑，请立即注销 root 登录。

7.4.8 软件安装

（1）概述

操作系统的软件管理器为 yum，用户可以用 yum 命令查询可用的软件包、从软件库中获取软件包、安装和卸载软件包，更新系统至最新版本。yum 采用自动依赖方案，在操作过程中能够自动安装或卸载相关的依赖。

yum 可配置额外的新的软件库或软件包源，也可以安装插件以增强和扩展其功能。

（2）常用命令

1）更新 yum 命令

用户可使用 yum 检查系统是否需要更新，列出需要更新的软件包。更新整个系统，或者更新选定的软件包，必须以 root 用户执行 yum 命令。

检查系统已安装的软件包是否有可用的更新，使用如下命令：

~]# yum check-update

用户可选择更新单个软件或者更新整个系统。

输入如下命令，更新单个软件包：

~]# yum update *package_name*

输入如下命令，更新软件包组：

~]# yum group update *group_name*

输入如下命令，更新整个系统：

~]# yum update

输入如下命令，更新安全相关的软件包：

~]# yum update --security

用户还可以仅安装最近的安全更新。

~]# yum update-minimal --security

2）软件包命令

用户可以使用如下命令，列出所有的软件包：

~]# yum list

用户还可以使用该命令的参数，对输出结果进行限定，快速获得自己想要的信息。命令的具体用法，参见命令的 man 帮助页面。

用户还可以列出软件库的 ID、名称和软件包数量等信息：

~]# yum repolist

查看可用的软件包，用户可通过指定具体的软件包名称安装软件包。

~]# yum install package_name [package_name]...

对应的，用户如需删除软件包，请输入如下命令：

~]# yum remove *package_name*

yum 还有更多的用法，具体请参见 yum 命令的 man 帮助页面。

7.5 操作术语表

（1）account

在 Unix 系统中，account 指允许个人连接到系统的登录名称、个人目录、密码及 Shell 的组合。

（2）alias

别名。在 Shell 中可以使用 alias 将较长的命令命名一个较短的别名，命名后输入该别名即可运行该命令。在命令行提示符中键入 alias 即可了解当前所定义的全部别名。

（3）ARP

地址解析协议（Address Resolution Protocol，ARP）。该网络协议用于将 IP 地址动态地对应到局域网络的硬件地址（MAC 地址）上。

（4）ATAPI

AT 附件包接口（AT Attachment Packet Interface，ATAPI）。最为人们所熟知的是 IDE，它提供了额外的指令来控制 CDROM 及磁带装置。具有延伸功能的 IDE 控制器通常被称为 EIDE（Enhanced IDE，加强型 IDE 控制器）。

（5）batch

批处理。通常是用于执行某项任务的命令行序列，由命令所属程序解析器执行。

（6）Boot

引导。即发生在按下计算机的电源开关，机器开始检测接口设备的状态，并把操作系统加载到内存中的整个过程。

（7）Bootdisk

引导盘是可删除的数据存储介质，可从该介质加载和引导操作系统或实用工具程序。计算机中内置一个程序并遵照特定的标准加载和执行引导盘。

（8）BSD

伯克利软件发行套件（Berkeley Software Distribution，BSD）。一套由加州大学伯克利分校信息相关科系所发展的 Unix 分支。

（9）Buffer

缓冲区。指内存中固定容量的一个小区域，其中的内容可以加载区域模式文件，系统分区表及执行中的进程等。所有缓冲区的连贯性都是由缓冲区内存来维护的。

（10）CHAP

询问握手认证协议（Challenge-Handshake Authentication Protocol，CHAP），该协议通过三次握手周期性地校验对端的身份，可在初始链路建立时、完成时，也可以在链路建立之后重复进行。通过递增可变的标识符和询问值，防御来自端对端的重复攻击，限制系统暴露于单个攻击的时间。

（11）Client

客户端，也称用户端，是指与服务器相对应，安装有客户端软件的设备，本地用户通过客户端获取服务器提供的服务，是服务器 / 客户端系统的一部分。

（12）Client/Server 架构

服务器 / 客户端架构。这种架构将较复杂的计算和管理任务交给网络上的高性能计算机（服务器），把一些频繁与用户打交道的任务交给前端的计算机（客户端）。通过这种方式，将任务合理分配到客户端和服务器端，既能充分利用两端硬件环境的优势，又实现了网络信息资源的共享。

（13）Compilation

编译。指把人们读得懂的以某种程序语言（如 C 语言）书写的程序源代码转换成机器可读的二进制文件的过程。

（14）Completion

自动补齐。在输入 Shell 命令时，按下 Tab 键，只要系统内有能与之配合对象，Shell 将自动把一个不完全的子字符串，补全成一个已存在的文件名、用户名或其他完整字符串的能力。

（15）Compression

压缩。是通过特定算法来减小计算机文件大小的机制。通过该机制，可以减少文件的磁盘占用空间，或者节省文件传输的带宽，提高传输速度。

（16）Console

控制台。是 Linux 内核和系统的接口，内核和其他进程用控制台发送和接收文本消息和命令。Linux 内核也支持虚拟控制台。

（17）Cookies

Cookies 是用户浏览网站时，由网站发送给浏览器，并存储在本地的一小段数据。网站一般用 cookies 记录用户的活动或者状态。cookies 通常有几大种类，用途也各不相同，如会话 cookies、永久 cookies、安全 cookies、Samesite cookies、第三方 cookies、supercookies 和僵尸 cookies。

（18）DHCP

动态主机配置协议（Dynamic Host Configuration Protocol，DHCP），常被应用在大型的局域网络环境中，主要作用是集中管理、分配 IP 地址，使网络环境中的主机能够动态获得 IP 地址、Gateway 地址、DNS 服务器地址等信息，并能提升地址的使用率。

DHCP 协议采用客户端 / 服务器模型，主机地址的动态分配任务由网络主机驱动。当 DHCP 服务器接收到来自网络主机申请地址的信息时，才会向网络主机发送相关的地址配置等信息，以实现网络主机地址信息的动态配置。

（19）DMA

直接在内存存取（Direct Memory Access，DMA）。一种运用在 PC 架构上的技术，允许接口设备可以从主存储器存取或读写数据，无须通过 CPU 联系。

（20）DNS

网络域名系统（Domain Name System，DNS）。因特网上作为域名和 IP 地址相互映射的一个分布式数据库，能够使用户更方便地访问因特网，而不用去记住能够被机器直接读取的 IP 数串。

（21）DPMS

显示器电源管理系统（Display Power Management System，DPMS）。对显

示器电源进行管理，以节约电源消耗。

（22）Editor

编辑器。一般而言是指编辑文本文件所使用的程序，也就是文字编辑器。最为人所熟知的 GNU/Linux 编辑器有 Emacs 及 VIM。

（23）E-mail

电子邮件是一种用电子手段提供信息交换的通信方式，是目前因特网应用最广的服务。

（24）Environment Variables

环境变量，是指操作系统中用来指定操作系统运行环境的一些参数。可以直接通过 Shell 查看系统的环境变量。

（25）ext2

第二代扩展文件系统"Second Extended"的简称，是 Linux 内核所用的文件系统，用于替代 ext 文件系统，是 Linux 第一个商用级别的文件系统。

（26）FAT

文件配置表（File Allocation Table，FAT）。用于 DOS 及 Windows 操作系统上的文件系统。

（27）FDDI

光纤分布式数字接口（Fiber Distributed Digital Interface，FDDI）。一种用于光纤通信的高速网络物理层。

（28）FIFO

先进先出（First In First Out，FIFO）。是一种队列机制，先进入队列的指令或者数据，先执行或者先取出。

（29）Filesystem

文件系统是操作系统用于明确存储设备或者分区上的文件的方法和数据结构，即操作系统在存储设备上组织文件的方法。

（30）Firewall

防火墙是一个网络安全系统，基于预先定义的安全规则，监控和控制传入和传出的网络流量，在可信的、安全的内网和假定不可信的、不安全的外网之间建立起一个屏障。防火墙通常分为网络防火墙和基于主机的防火墙。

（31）Framebuffer

帧缓冲，视频缓冲区。将显示卡上的 RAM 对应到机器内存地址空间的一种技术。允许应用程序存取显示卡上的 RAM 而无须与之直接沟通。

（32）FTP

文件传输协议（File Transfer Protocol，FTP）。用于机器间彼此传输文件的标准网际网络通信协议。

（33）Gateway

网关，用来连接两个采用不同协议的网络，又称网间连接器、协议转化器。

（34）GIF

图形交换格式（Graphics Interchange Format，GIF）。一种广泛用于 Web 的影像文件格式，GIF 影像资料可被压缩或存入动态画面。

（35）GNU

GNU's Not Unix 的缩写。GNU 计划由 Richard Stallman 于 20 世纪 80 年代初期发起，其目标是要发展出一套 free 的操作系统（ "free" 代表自由而非免费）。

（36）GPL

通用公共许可证（General Public License，GPL）。其理念与所有的商业软件授权大不相同，对于软件本身的复制、修改及重新散布没有任何限制。可以取得源代码，唯一的限制是当将其散布给他人时，对方也将因相同的权利而获益。

（37）GUI

图形用户界面（Graphical User Interface，GUI）。使用菜单、按钮，以及图标等组成窗口外观的一种计算机操作界面。

（38）host

主机，计算机的一种称呼。一般而言，对连接到网络上的计算机，才会使用这个名词。

（39）HTTP

超文本传输协议（Hyper Text Transfer Protocol，HTTP）。是客户端浏览器或者其他应用程序与 Web 服务器之间的应用通信协议，用于从 WWW 服务器传输超文本到本地浏览器，使用户可以浏览和获取网络资源。

（40）HTML

超文本标记语言（Hyper Text Markup Language，HTML）。这种语言可以

用来书写 Web 网页文件。

（41）inode

在 Unix 类的文件系统中用来指向文件内容的进入点。每个 inode 皆可由这种独特的方式作为识别，且同时包含关于其所指向档案的相关信息，如存取时间、类型、文件大小等。

（42）Internet

因特网（Internet），也称互联网，是全球性的信息系统，由使用公用语言互相通信的计算机连接而成的全球网络。

（43）IP address

因特网协议地址（Internet Protocol Address，IP address）。IP 地址是 IP 协议提供的一种统一的地址格式，为因特网上的每一个网络和每一台主机分配一个逻辑地址，以此来屏蔽物理地址的差异。常见的 IP 地址分为 IPv4 与 IPv6 两大类。

（44）IP masquerading

IP 伪装。当使用防火墙时隐藏计算机真实 IP 地址以防止被外界所窥知的一种方法。传统上任何越过防火墙而来的外界网络连接所取得地址都是防火墙的 IP 地址。

（45）ISA

工业标准结构（Industry Standard Architecture，ISA）。是个人计算机非常早期的总线规格，正慢慢地被 PCI 总线所取代。

（46）ISDN

综合服务数字网络（Integrated Services Digital Network，ISDN）。一组允许以单一线缆或光纤传送声音、数字网络服务及影像的通信标准。

（47）ISO

国际标准化组织（International Standards Organization，ISO）。1947 年 2 月成立，制订全世界工商业国际标准的非政府组织机构。

（48）ISP

因特网服务提供商（Internet Service Provider，ISP）。即向广大用户提供因特网接入业务、信息业务和增值业务的电信运营商。

（49）kernel

内核是操作系统的关键所在。是基于硬件的第一层软件扩充，提供操作系统最基本的功能，负责管理系统的进程、内存、设备驱动程序、文件和网络系统，决定着系统的性能和稳定性。

（50）LDP

Linux 文档项目（Linux Documentation Project，LDP）。一个维护 GNU/Linux 文件的非营利组织，其最著名的成果为各式各样的 HOWTO 文件。此外，还维护着 FAQ，还有一些相关手册。

（51）Loopback

本地环回地址。一台机器连接到其本身的虚拟网络接口，允许执行中的程序不必考虑两个网络实体事实上都位于相同机器的特殊状况。

（52）manual page

manual page 简称为 man page，是 Linux/Unix 环境下命令与函数的帮助文档。在 Linux/Unix 环境中可用 man 命令查询该帮助手册。

（53）MBR

主引导记录（Master Boot Record，MBR）。指可引导硬盘的第一扇区所使用的名称。MBR 中包含用来将操作系统加载到内存或开机加载程序（如 LILO）的执行码，以及该硬盘的分区表。

（54）MIME

多用途因特网邮件扩展（Multipurpose Internet Mail Extensions，MIME）。在电子邮件里，以型态 / 子型态（type/subtype）形式描述其包含文件内容的一段字符串。

（55）MPEG

动态图像专家组（Moving Pictures Experts Group，MPEG）。一个制订影音压缩标准的 ISO 委员会；同时，MPEG 指其所发布的影音压缩标准。MPEG 标准主要有以下五个，即 MPEG-1、MPEG-2、MPEG-4、MPEG-7 及 MPEG-21 等。

（56）NCP

NetWare 核心协议（NetWare Core Protocol，NCP）。由 Novell 公司定义的用以存取 Novell NetWare 系统的文件及打印服务的通信协议。

（57）newsgroups

新闻组，也称为 Usenet。是一个基于网络的计算机组合，这些计算机被称为新闻服务器。不同用户可通过客户端连接到新闻服务器上，可以阅读其他人的消息并可进行讨论。

（58）NFS

网络文件系统（Network Filesystem，NFS）。提供通过网络来共享文件的网络文件系统。

（59）NIC

网络接口控制器（Network Interface Controller，NIC）。安装到计算机上并提供连接网络实体所使用的转接器，如 Ethernet 网卡。

（60）NIS

网络信息服务（Network Information Service，NIS）。NIS 的目的在于分享跨越 NIS 网域的共有信息，该 NIS 网域涵盖了整个局域网、部分的局域网或数个局域网。它能够输出密码数据库、服务数据库及群组信息等。

（61）PAP

密码认证协议（Password Authentication Protocol，PAP）。是 PPP 协议集中的一种链路控制协议，主要是通过二次握手建立对等节点进行身份认证。

（62）patch

补丁。含有需发布的源代码的修订列表，目的是增加新功能，修改 bug 或按某些实际需要去修正软件。

（63）path

路径，指定文件或目录在文件系统中的位置。在 GNU/Linux 中有两种不同的路径，相对路径指的是文件或目录相对于当前目录的位置；绝对路径指的是文件或目录相对于根目录的位置。

（64）Open Source

开源，开放源代码。其理念在于一旦允许广大的程序设计师可以共同使用及修改原始程序代码，最终将会产生出对所有人而言最有用的产品。一些受欢迎的开放源码程序包括 Apache，sendmail 及 GNU/Linux。

（65）PCMCIA

个人计算机存储卡国际协会（Personal Computer Memory Card International Association，PCMCIA）通常简称为"PC Card"，是便携式计算机接口的标准，这些接口包括调制解调器、硬盘、存储卡、以太网卡的接口等。

（66）pipe

一种特别的 Unix 通信机制。一个程序将资料写入 pipe，而另一个程序由 pipe 读出资料直到结束。管道采用 FIFO（先进先出），因此，资料被另一个程序顺序读入直到结束。

（67）pixmap

pixel map 的缩写。是 bitmapped 影像的一种。

（68）PNG

可移植网络图像文件（Portable Network Graphics，PNG）。该文件格式主要是给 Web 使用，其被设计成无专利的，以取代具有专利权的 GIF，且具有一些附加的功能。

（69）PNP

随插即用（Plug and Play，PNP）。

（70）POP

邮局协议（Post Office Protocol，POP）。这种通信协议常用于从 ISP 下载电子邮件。

（71）PPP

点对点协议（Point to Point Protocol，PPP）。是在点对点连接上传输多协议数据包的链路层协议。该协议也可与其他的通信协议一起使用，如 Novell 的 IPX 协议。

（72）Preprocessors

预处理器。程序设计领域中，预处理一般是指在程序源代码被翻译为目标代码的过程中，即生成二进制代码之前的过程。比较典型的是，由预处理器（preprocessor）对程序源代码文本进行处理，得到的结果再由编译器核心进一步编译。这个过程并不对程序的源代码进行解析，但把源代码分割或处理成为特定的单位——（用 C/C++ 的术语来说是）预处理记号（Preprocessing Token）用来支持语言特性（如 C/C++ 的宏调用）。例如 C 的预处理指令一般以 # 开头，如 #include、#define 等。

（73）Process

进程。在操作系统中，进程是程序运行的一个实例，包含程序代码和当前的活动。根据操作系统，进程可能由执行当前指令的多个线程组成。

（74）prompt

提示符号。在 Shell 中，它是在光标前的字符串，表示系统已经准备好接受命令输入。

（75）Protocol

此处特指通信协议。是指一系列定义通信语法、语义、同步通信和可能的错误恢复的规则和方法，用于创建和维护通信，包括软件和硬件的实现。常用的通信协议有 HTTP、FTP、TCP 和 UDP 等。

（76）Proxy

代理服务器。位于局域网和国际因特网之间的机器，代理网络用户去获取网络信息。可提高网络访问速度，防止网络攻击，突破访问限制。

（77）quota

配额限制是限制使用者对于磁盘空间使用的一种方法。在某些文件系统上，管理者可以对各个使用者的目录做大小不同的限制。

（78）RAID

冗余磁盘阵列（Redundant Array of Independent Disks，RAID）。磁盘阵列是由很多相对廉价的磁盘组合成一个容量巨大的磁盘组，利用个别磁盘提供数据所产生加成效果来提升整个磁盘系统效能。利用该技术，将数据切割成许多区段，分别存放在各个硬盘上。

（79）RAM

随机存取内存（Random Access Memory，RAM）是指计算机与 CPU 直接交换数据的内部存储器，也叫主存（内存）。"Random"指内存的任何一部分都能被直接存取。

（80）read-only mode

只读模式。表示不能写入文件，只能读取内容，也不能修改或删除文件。

（81）read-write mode

读写模式。表示文件是可以被写入的。能读取或修改文件内容，如果拥有这一权限，也可以删除文件。

（82）root

root 是任何 Unix 系统上的超级用户。root 负责管理并维护整个 Unix 系统。

（83）RFC

计算机与通信技术文件（Request For Comments，RFC）是官方的 Internet

标准文件，由 IETF（Internet Engineering Task Force）发行。其描述所有使用或被要求使用的协议，如果想知道某一种通信协议是如何运作的，就需要查阅对应的 RFC 文件。

（84）run level

运行级别。是一项关于只允许某些被选定的进程存在的系统设定。在文件 /etc/inittab 中，清楚地定义每个运行级别有哪些进程是被允许的。

（85）SCSI

小型计算机系统接口（Small Computers System Interface，SCSI），是计算机与外围设备物理连接和数据传输的接口标准。IDE，SCSI 总线的效能并不会受限于外围能接受指令的速度，SCSI 不同，只有高阶的机器才会在主板上内置 SCSI 总线，一般的 PC 都采用另外插卡的方式。

（86）Server

服务器。为程序或计算机提供功能或服务的程序或者设备，让客户端可以连接进来执行命令或是获取其所需的信息。

（87）Shadow Password

影子密码。Unix 中的一种密码管理方式，系统中某个不是所有人都能读取的档案中存放着加过密的密码，是现在很常用的一种密码系统，提供了密码时间限制的功能。

（88）Shell

Shell 是操作系统核心的基本接口，提供命令行让使用者输入指令以便执行程序或系统命令。所有 Shell 都有提供命令行的功能，以便自动执行任务或执行常用但复杂的任务。这些 Shell 命令类似于 DOS 操作系统中的批处理文件，却更为强大。常见的 Shell 有 Bash、sh、tcsh 等。

（89）SMB

服务器信息块（Server Message Block，SWB）是 Windows（9x/2000 或 NT）所使用的通信协议，用于在网络共享文件或打印机。

（90）SMTP

简单邮件传输协议（Simple Mail Transfer Protocol，SMTP），是一种用来传送电子邮件的协议。邮件传送代理者如 sendmail 或 postfix 都使用 SMTP，有时也会被称为 SMTP 服务器。

（91）socket

套接字（socket）。网络上两个程序通过一个双向的通信连接实现数据的交换，这个连接的一端称为一个 socket。

（92）TCP

传输控制协议（Transmission Control Protocol，TCP）。是一种面向连接的、可靠的、基于字节流的传输层通信协议，由 IETF 的 RFC793 定义。该协议应用于 IP 网络，通常称为 TCP/IP。

（93）Telnet

开启一个连接到远程的主机。telnet 是进行远程登录最常用的方式，当然也有更安全的方式，如 ssh。

（94）URL

统一资源定位器（Uniform Resource Locator，URL），一种特殊格式的字符串，用以标识网络资源。这个资源可能是一个文件、服务器或是其他，通常也被理解为 Web 地址。

（95）WAN

广域网（Wide Area Network，WAN）。通常指跨越很大的地理范围，覆盖几十千米到几千千米，连接多个城市或国家，甚至于多个洲的国际性大型网络，如因特网可以认为是世界范围内最大的广域网。

（96）Windows Manager

窗口管理器是 X Windows 系统中控制窗口位置和外观的系统软件，用于提供窗口环境。

第8章 未来网络管理测试

未来网络自 2015 年投入试运行以来，已在山东泰安健康生态域建设、北京邮电大学数字电影传输、西安教育与建筑应用、粤港澳大湾区建设、吉林纵横软件开发有限公司等地进行了多点测试应用，取得了良好的试验数据，可以满足目前计算机网络的所有应用，真正实现了"自主、安全、高速、兼容"的目标。

8.1 IPV9 节点应用设置

未来网络西北试验节点于 2019 年 12 月开始部署，以新型网络与检测控制国家地方联合工程实验室为试验测试基地，设置一台十进制未来网络 /IPV9 双栈骨干路由器（10 G）连接网络出口交换机，再连接到 402 网络机房，设置一台 FNv9 网络加密交换机、一台 FNv9-DHCP 服务器（支持 IPv4/IPV9 双栈协议）、一台 FNv9-NAT 服务器（IPV9 专网访问 Internet 网络）、一台 FNv9-PROXY 服务器（IPv4 端口转换 IPV9 端口）、一台十进制未来网络 /IPV9 地址分配管理服务器、一台十进制未来网络域名申请注册服务器、一台 FNv9-DNS 十进制未来网络域名解析服务器，使用用户通过有线或无线 AP 的 IPV9 用户路由器接入未来网络 /IPV9。

8.1.1 节点应用部署

2019 年 11 月，十进制未来网络 /IPV9 团队与新型网络与检测控制国家地方联合工程实验室，就加快十进制（IPV9）未来网络示范网络及实验环境建设工作等事项达成了一致意见。同时，双方技术团队进行了地点考察和技术对接，具体构想如下。

8.1.1.1 部署计划

未来网络在新型网络实验室的部署计划共分为 3 个阶段。

第一阶段，将新型网络实验室所在的办公楼接入未来网络/IPV9 骨干网络，以加强工程实验室的网络科技创新课题项目和国家网络安全自主可控能力，开展未来网络/IPV9"Y"根域名服务器中国教育根服务器前期规划与示范运行。

第二阶段，将新型网络实验室与西安十进制网络科技有限公司等办公大楼接入十进制未来网络/IPV9 骨干网络，形成新型网络地方联合工程实验室一个完整的十进制未来网络/IPV9 实验环境，开展十进制未来网络根域名服务器中国教育根服务器域名解析服务，并组织"内网安全对比实验"，展示网络安全成果。

第三阶段，在西安地区更大规模地展开未来网络/IPV9 环境部署、实验探索和实用展示，作为西北地区英文域名 .CHN、中文域名中国.的注册登记服务中心和域名解析服务中心，开展"未来网络国家对抗攻防演练"等重要课题演示验证，应用技术开发与推广技术研究。

8.1.1.2 网络结构

工程实验室 402 室的网络机房连接网络出口，由实验室原有网络提供 IPv4 静态地址和网线接入，通过 4 over 9 隧道方式连接未来网络/IPV9 骨干网络。西安十进制网络科技有限公司连接到 402 网络机房，节点服务器连接如图 8.1 所示。

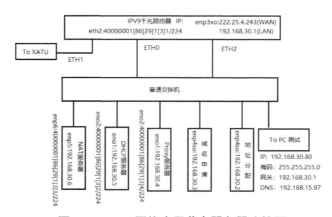

图 8.1 IPV9 网络应用节点服务器连接图

8.1.2 网络拓扑结构

新设 IPv4/IPV9 兼容内网运行环境，可实现同时访问 Internet 网络访问服务和 IPV9 未来网络访问服务，为新型网络实验室的开发科研人员提供网络科技创新课题项目研究、国家网络安全自主可控能力的"内网安全对比实验"和"未来网络国家对抗攻防演练"等重要课题演示验证研究。

新设十进制未来网络 /IPV9 专网运行环境，可实现同时访问 Internet 网络访问服务和 IPV9 未来网络访问服务，提供十进制未来网络相应的应用技术开发研究。

西安十进制网络科技有限公司可实现同时访问 Internet 网络访问服务和 IPV9 未来网络访问服务。将来新设 IPv4/IPV9 兼容 FNv9–OpenVPN 网络服务器，提供十进制未来网络应用技术开发与应用推广技术研究，以及十进制未来网络应用技术商业运作。

网络拓扑结构如图 8.2 所示。

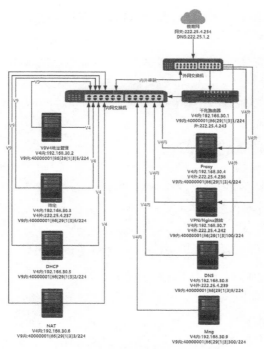

图 8.2　应用节点服务器布置图

为了应用未来网络系统，通过西安十进制公司与河南林州未来网络节点连接，开展未来网络应用项目"红旗渠工匠"平台建设，该平台在林州市总工会的支持下，将建筑企业、建筑工人、建筑管理部门连接起来，实现人、财、物的高效管理。林州市未来网络节点的结构如图 8.3 所示。

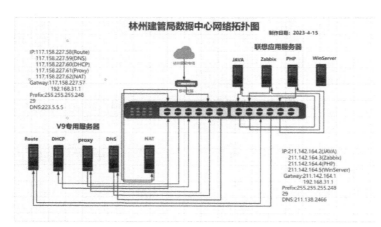

图 8.3 河南林州建管局未来网络服务器结构图

该应用节点经过测试可以开展基于 Internet 的所有服务，经过试验性"红旗渠工匠"平台（www.hqq.chn）网站的测试，未来网络 IPV9 兼容原有的 IPv4 和 IPv6 网络的所有应用功能，具备了自主运行的所有条件。

8.2　IPV9 路由器设置与测试

一般说来，具备 IP 协议安全协议（IP Security，IPSec）支持、能够有效利用 IPSec 保证数据传输机密性与完整性，或能够借助其他途径强化本身安全性能的路由器都可以称之为安全路由器。

常规的 IPv4 路由器产品，安全路由器通常具有以下特征：采用 IPSec 协议；带有包过滤和代理协议的防火墙功能；能够隐藏内部网络拓扑结构；支持路由信息与 IP 数据包加密；能够实现身份鉴别、数据签名和数据完整性验证；具有灵活的密钥配置、支持集中式密钥与分布式密钥管理；可有效防止虚假路由信息的接收与路由器的非法接入；能够阻止非授权人员的访问等。

8.2.1 IPV9 路由器

安全路由技术即如何在 IPSec VPN 隧道上实现动态路由选择技术。安全路由技术将路由技术、VPN 技术、安全路由技术、防火墙技术集成于一身。实现安全路由技术，关键在于建立一种特定的安全认证体系 SA（Security Association），该 SA 既允许动态路由协议包通过，又允许两端所有用户的数据通过。建立 SA 需要对 IKE 的信令进行改进，实现采用传输模式的信令来建立隧道模式的 SA。

IPSec 协议包括 ESP（Encapsulating Security Payload）封装安全负载、AH（Authentication Header）报头验证协议及 IKE（Internet Key Exchange）密钥管理协议等，其中，AH 协议能够提供无连接的完整性、数据发起验证及重放保护，ESP 主要用于提供额外的加密保护，而 IKE 则主要提供安全加密算法与密钥协商。

在 IPv4/IPV9 双栈 VPN 路由器产品中，增强对网络传输的可控制管理，除了具有 IPv4 安全路由技术外，还有 IPV9 特征的技术，主要增加的功能如下。

IPv4/IPV9 双栈路由器的 DHCP9 可以自动在一个网口分配 IPv4 和 IPV9 两种不同协议的网络地址，可实现 9 over 4 和 4 over 9 之间的网络协议相互转换。

VPN 是 IPv4 外网地址之间加密隧道，相当于链路、隧道里传输的 TCP4 加密数据包，加密数据包内容是 IPV9 的 IP9/TCP9 相关协议数据包，TCP9 协议数据内容也是加密数据。

在只分配 IPV9 的地址模式中，所有基于 IPv4/ IPv6 的网络端口应用均无法在 IPV9 的 VPN 路由访问因特网，只有使用 IPV9 网络地址协议、CHN 的 DNS 解析协议，才可以访问服务器端的 IPV9 协议应用网站和云服务，也可以实现 IPV9 网络地址点对点的设备连接。在深层次，可以设计网络拓扑结构，通过 IPV9 的 NAT9 服务器通道访问 IPv4 的网络。

8.2.2 路由器设置

打开浏览器，在浏览器的地址栏中输入 192.168.1.1，按 Enter 键后出现授权界面，如图 8.4 所示。

图 8.4　路由器授权界面

输入默认用户名 root、默认密码 shsjzwlxxkjyxgs（上海十进制网络信息科技有限公司的首字母小写），单击登录按钮，登录后会看到总览界面如图 8.5 所示。

图 8.5　IPV9 路由器总览界面

第一次使用浏览器的用户，在使用之前请先注册用户。用户类型分为个人用户和企业用户，个人路由器注册设备之后自动分配地址，无须手动分配地址；企业路由器则需要手动分配地址，且一个企业账户能够注册多个设备。注册之前需要发送手机短信验证码进行确认。用户注册界面如图 8.6 所示。注册步骤如下。

①单击菜单 IPV9 用户注册；

②输入用户名、密码、确认密码、注册类型、真实姓名、证件类型、证件号码、电子邮件、手机、企业名称、地址、邮政编码、备注；

③输入手机号码号，单击右边的发送验证码按钮；

④手机接收到验证码后，填入验证码；

⑤单击下方的用户注册按钮。

图 8.6　用户注册界面

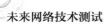

个人用户设备注册时，注册设备信息自动分配 IPv4/IPV9 地址到设备；企业用户仅注册设备信息。设备注册界面如图 8.7 所示。步骤如下。

①单击菜单"IPV9/ 设备注册"选项；

②选择"城市"；

③单击下方的"设备注册"按钮。

图 8.7　设备注册界面

单击"网络"->"Wi-Fi"选项，进行配置 Wi-Fi，出现界面如图 8.8 所示。

在图 8.8 中可以看到 Wi-Fi 的工作状态，如果需要修改 Wi-Fi 的配置，单击"修改"按钮，出现界面如图 8.9 所示。

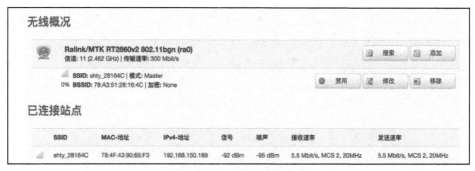

无线概况

Ralink/MTK RT2860v2 802.11bgn (ra0)
信道: 11 (2.462 GHz) | 传输速率: 300 Mbit/s

🔍 搜索   添加

SSID: shty_28164C | 模式: Master
0% BSSID: 78:A3:51:28:16:4C | 加密: None

⊘ 禁用   修改   ✕ 移除

已连接站点

	SSID	MAC-地址	IPv4-地址	信号	噪声	接收速率	发送速率
📶	shty_28164C	78:4F:43:90:65:F3	192.168.150.189	-92 dBm	-95 dBm	5.5 Mbit/s, MCS 2, 20MHz	5.5 Mbit/s, MCS 2, 20MHz

图 8.8　Wi-Fi 配置界面

接口配置

| 基本设置 | 无线安全 |

ESSID   Tenda_shty

模式   客户端Client

BSSID   C8:3A:35:28:4E:98

网络
☐ lan: 🖧
☐ tun: 📄
☐ wan: 🖧
☑ wwan: 📡
☐ 创建

ⓘ 选择指派到此无线接口的网络。填写创建栏可新建网络。

🔙 返回至概况   保存&应用   保存   复位

图 8.9　路由器接口配置界面

在图 8.9 中可以修改 Wi-Fi 名称。在 ESSID 编辑框中输入路由器的名称，设置完成后单击下方的"保存＆应用"即可。在界面中单击"无线安全"选项可以设置 Wi-Fi 密码，如图 8.10 所示。

图 8.10　Wi-Fi 密码设置界面

配置设备 Wi-Fi 的加密方式，一般推荐使用上图所示的加密模式（WPA-PSK/WPA2-Psk Mixed Mode），输入新密码后，单击"保存＆应用"按钮即可，路由器设置完成。

8.2.3　路由器测试

上海十进制网络信息技术有限公司、上海通用化工技术研究所开发的 TY-WR-100M 和 WE826-T IPv4/IPV9 路由器，主要用以实现 IPv4 网络和 IPV9 网络之间、IPV9 网络间的路由功能。本次测试的产品型号为 WE826-T 路由器为 100M 路由器，TY-WR-100M 路由器为 1000M 路由器，软件版本号是 TY-BR-0.60，路由器操作系统采用 Linux-IPV9，硬件为工控机。该产品实现了 IPV9 下 NAT-PT、双栈路由、隧道等功能，并实现了对部分应用服务的支持，如 FTP、HTTP 等。

8.2.3.1 测试环境与测试图

本次测试的内容主要包括路由器的双协议栈功能、隧道功能、NAPT-PT 路由功能和 OSPF 功能（WE826-T 和 TY-WR-100M IPv4/IPV9 两种型号功能相同）、操作系统漏洞检测等功能，以及在 IPv4 网络中的吞吐量、丢包率、延迟率等性能指标。

测试环境设备配置如表 8.1 所示。

表 8.1　测试设备配置

测试设备	型号与配置
工作在 IPv4 网络下的测试主机 1 （简称 V4 主机 1、主机 2）	PC：联想（Lenovo）； CPU：PM 1.8GHz； RAM：8GB； HDD：256GB； OS：Windows10
工作在十进制网络下的测试主机 1 （简称 V9 主机 1、主机 2）	CPU：P42.8GHz； RAM：8GB； HDD：512GB； OS：IPV9–Linux 3.18

8.2.3.2 路由器功能测试

（1）IPv4/IPV9 双协议栈功能测试环境

IPv4/IPV9 双协议栈功能测试环境，如图 8.11 所示。

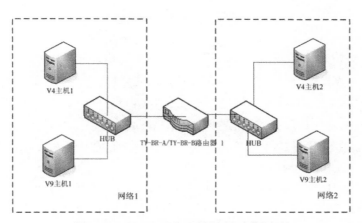

图 8.11　IPv4/IPV9 双协议栈功能测试

IPv4 模块正常工作测试。在路由器 1 上设置网络 1 的 IPv4 地址为 192.168.0.1，设置网络 2 的 IPv4 地址为 192.168.1.1，并启用路由器的 IPv4 数据包转发功能；从 V4 主机 1（IP：192.168.0.2）向 V4 主机 2（IP：192.168.1.2）发送 ICMP 数据包，验证是否能够得到回应；从 V4 主机 1 访问

V4 主机 2 的 WEB 服务、FTP 服务，验证是否访问成功。

IPV9 模块正常工作测试。在路由器 1 上配置两个网络接口的 IPV9 静态地址，设置网络 1 的 IPV9 为 1000000000[6]1/32，设置网络 2 的 IPV9 地址 2000000000[6] 1/32，并启动 IPV9 数据转发功能；从 V9 主机 2（地址：1000000000[6]2）上向 V9 主机 1（地址：2000000000[6] 2）发送 ICMP 数据包，验证是否能够得到响应；在 V9 主机 1 上开启 IPV9FTP 服务，并从 V9 主机 2 上访问 V9 主机 1 的 FTP 服务，验证能否访问成功；在路由器两端上用 TCPDUMP 尝试截取数据包，并分析数据包格式是否符合 IPV9 协议。

（2）IPV9 over IPv4 隧道功能测试

隧道功能测试环境如图 8.12 所示。

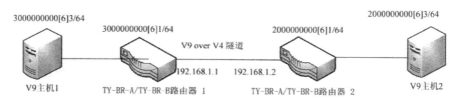

图 8.12　隧道功能测试

配置路由器 1 和路由器 2 的 IPv4 和 IPV9 的地址；从 V9 主机 1 向 V9 主机 2 发送 ICMP 数据包，检查与链路之间的连通性；分别在 IPV9、IPv4 子网上以 TCPDUMP、Etherpeek 截包，验证在 IPv4 网络中，入口节点将收到转入的 IPV9 数据包封装入 IPv4 数据包，并将其路由至对端路由器；进入 IPv4 网络中，对端路由将收到 IPv4 业务流的 IPv4 数据包头剥除并转发原 IPV9 数据包。

（3）IPv4/IPV9 NAPT/PT 路由功能

IPV9 网到 IPv4 网的协议转换和动态地址转换，如图 8.13 所示。

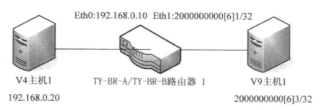

图 8.13　IPv4/IPV9 NAPT–PT 路由器测试环境

配置路由器 1 和路由器 2 的 IPv4 和 IPV9 的地址；从 V9 主机 1 向 V9 主机 2 发送 ICMP 数据包，检查与链路之间的连通性；分别在 IPV9、IPv4 子网上以 TCPDUMP、Etherpeek 截包，验证在 IPv4 网络中，入口节点将收到转入的 IPV9 数据包封装入 IPv4 数据包，并将其路由至对端路由器，进入 IPv4 网络中，对端路由将收到 IPv4 业务流 IPv4 数据包头剥除并转发原 IPV9 数据包。

IPv4 网到 IPV9 网的协议转换和静态地址转换，如表 8.2 所示。在路由器 1 上配置 IPv4 向 IPV9 的静态地址（端口）映射。

表 8.2　测试设备配置

项目	IPv4	IPV9
地址	192.168.0.10	2000000000[6]3
端口	80	80
	21	21

在 V9 主机 1（2000000000[6] 3）上开启 IPV9 的 FTP、HTTP 服务，并从 V4 主机 192.168.0.20 上访问 192.168.0.10 的 FTP 和 HTTP 服务，验证是否能够访问成功。在路由器两端上用 TCPDUMP 尝试截取数据包进行分析——能截取上述访问的数据包，分别观察到两边数据报文分别用 IPV9 和 IPv4 协议封装。

（4）OSPF V9 实现

OSPF V9 路由器测试环境，如图 8.14 所示。

按照测试环境图 8.14 搭建测试环境，查看各路由器上的 OSPF 配置文件和路由表；在各路由器上开启 OSPF V9 模块，过 2 分钟后再次查看各路由器上的路由表，分析路由表的生成是否正确；根据生成的路由表，发送 ICMP 包查看各路由器间是否连通；断开路由器 1 和路由器 2 之间的连接，过 2 分钟后查看各路由器上的路由表，分析路由表的是否正确更新，并根据生成的路由表，发送 ICMP 包查看各路由器间是否连通。

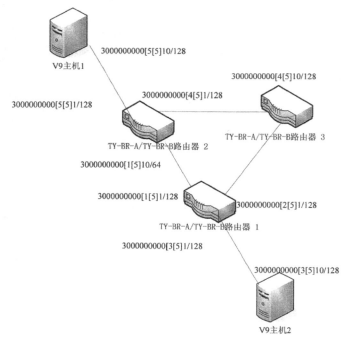

图 8.14　OSPF V9 路由器测试环境

（5）被测产品操作系统漏洞扫描测试

路由器使用的操作系统是 Linux AS 3；按照测试环境图 8.15 搭建测试环境。

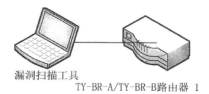

图 8.15　路由器操作系统漏洞检测

使用漏洞扫描工具（极光远程漏洞扫描系统）扫描路由器的 IPv4 地址，选择扫描操作系统 Unix，选择扫描强度为标准，分析扫描结果是否存在高、中风险漏洞。

8.2.4　测试结果

路由器功能测试结果，如表 8.3 所示，路由器操作系统漏洞检测，如表 8.4 所示。

表 8.3　路由器功能测试结果

平台	功能模块	测试结果
IPv4/IPV9 双协议栈功能	IPv4 模块的正常工作	TY–BR–A/TY–BR–B 路由器能够配置 IPv4 地址和路由，并实现 IPv4 数据的数据转发功能，支持 ICMP、FTP、HTTP 应用
	IPV9 模块的正常工作	TY–BR–A/TY–BR–B 路由器能够配置 IPV9 地址并实现 IPV9 数据的数据转发功能，支持 ICMP、FTP 应用
IPV9 over IPv4 隧道功能	IPV9 over IPv4 隧道功能	TY–BR–A/TY–BR–B 路由器将 IPV9 数据包封装入 IPv4 数据包，同时，能将封装的 IPv4 数据包还原成原 IPV9 数据包，实现 IPV9–over–IPv4 隧道功能
IPv4/IPV9 NAPT/PT 路由功能	IPV9 网到 IPv4 网的协议转换和动态地址转换	TY–BR–A/TY–BR–B 路由器实现了由 IPV9 网到 IPv4 网的协议转换和动态地址转换，能够根据配置的地址池正确地实现 IPV9 到 IPv4 网的协议转换和地址转换
	IPv4 网到 IPV9 网的协议转换和静态地址转换	TY–BR–A/TY–BR–B 路由器实现了由 IPv4 网到 IPV9 网的协议转换和静态地址转换，能够根据配置的映射表正确地实现 IPv4 内部网络到 IPV9 外部网络的协议和地址转换
OSPF V9 实现	OSPF V9 实现	开启 OSPF V9 模块后，TY–BR–A/TY–BR–B 路由器能够根据 OSPF V9 协议，建立最短路径路由表。当路由器 1 和路由器 2 之间的连接断开后，路由器 1 和路由器 2 的路由表会自动更新并选择新的最短路径的路由

表 8.4　路由器漏洞扫描结果

测试项目	测试细目	测试结果
系统安全	安全漏洞扫描	经过分析安全漏洞扫描结果，未检测到 OpenSSH 缓冲区管理操作远程溢出漏洞、ICMP timestamp 请求响应漏洞等低风险的漏洞，未发现高、中风险的漏洞，建议关闭不需要的服务

本次扫描结果仅表明，被测产品选用的操作系统存在较少的漏洞，并不代表该产品在实际系统工作环境中的安全性。

8.2.5 性能测试

本次测试是针对 TY-WR-100M 和 WE826-T IPv4/IPV9 两种型号路由器在 IPv4 网络中性能进行测试。测试中使用的测试工具为 Spirent 公司的 Smart bits 6000 网络流量发生及性能测试仪及配套软件 Smart Application。

本次性能测试内容包括以下 3 个性能指标。如表 8.5 所示。

表 8.5 性能测试项

指标	指标说明
吞吐量	设备或系统在没有丢包的情形下，最大传送数据的速度
丢包率	设备或系统在稳定负载的情形下，应转发而未能转发的报文的百分比
延迟率	对于存储转发设备，延迟率表示输入端最后一位比特进入后和输出端第一位比特离开之间的间隔

8.2.5.1 吞吐量

测试设备或系统在没有丢包情形下，最大传送数据的速率。测试环境如图 8.16 所示。

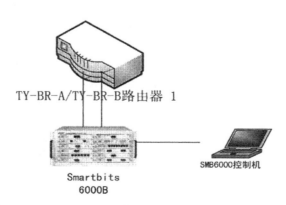

图 8.16 百兆 / 千兆路由器在 IPv4 下的性能测试环境

（1）测试方法和工具

采用 Smart Bits 6000 及配套软件 Smart Application 3.0，分别测试 WE826-T 在 100M 全双工模式下的吞吐量指标，以及 TY-WR-100M 在 1000M、全双工模式下的吞吐量指标。

测试步骤如下。

使用 Smart Bits 6000 的 Port 1 和 Port 2 对路由器的 FastEthernet 0 和 FastEthernet 1 接口收发测试数据包；

测试路由器在开启路由转发情况下的吞吐量。

测试参数配置：

帧长：64、128、256、512、1024、1280、1518 字节；

方向：单向；

测试仪端口状态：100M（WE826-T）和 1000M（TY-WR-100M）、全双工状态；

其他：试验持续时间：60 秒；试验次数：3 次；初始负载：10%；最大负载：100%；精度：1%。

（2）测试结果

WE826-T 测试结果如表 8.6 所示。

表 8.6　WE826-T 吞吐量测试结果

帧长 /B	64	128	256	512	1024	1280	1518
吞吐量 / 兆线速百比 %	41	70	99	99	100	100	100
吞吐量 /pps	61 728	59 382	44 883	23 321	11 973	9615	8127

TY-WR-100M 测试结果如表 8.7 所示。

表 8.7　TY-WR-100M 吞吐量测试结果

帧长 /B	64	128	256	512	1024	1280	1518
吞吐量 / 兆线速百比 %	15	24	52	74	95	98	99
吞吐量 /pps	223 214	202 922	238 550	174 581	113 636	94 127	80 438

8.2.5.2 丢包率

丢包率指设备或系统在稳定负载的情形下，应转发而未能转发的报文的百分比。

（1）测试方法和工具

采用 Smart Bits 6000 及配套软件 Smart Application，分别测试 WE826-T 在 100M、全双工模式下的丢包率指标，以及 TY-WR-100M 在 1000M、全双工模式下的丢包率指标。

（2）测试步骤

使用 Smart Bits 6000 的 Port 1 和 Port 2 对路由器的 FastEthernet 0 和 FastEthernet 1 接口收发测试数据包；

测试路由器在开启路由转发情况下的丢包率；

测试参数配置：

帧长：64、128、256、512、1024、1280、1518 字节；

方向：单向；

性能测试仪端口状态：100M（WE826-T）和 1000M（TY-WR-100M）、全双工、协商状态；

其他：试验持续时间：60 秒；试验次数：3 次；试验负载：分别在 64、128、256、512、1024、1280、1518 字节帧长情况下，测试 10%、20%、30%、40%、50%、60%、70%、80%、90% 和 100% 的负载。

（3）测试结果

WE826-T 测试结果如表 8.8 所示。

表 8.8　WE826-T 丢包率测试结果

单位：%

负载	帧长						
	64	128	256	512	1024	1280	1518
10%	0.00	0.00	0.00	0.00	0.00	0.00	0.00
20%	0.00	0.00	0.00	0.00	0.00	0.00	0.00
30%	0.00	0.00	0.00	0.00	0.00	0.00	0.00
40%	0.00	0.00	0.00	0.00	0.00	0.00	0.00

续表

负载	帧长						
	64	128	256	512	1024	1280	1518
50%	54.77	0.00	0.00	0.00	0.00	0.00	0.00
60%	61.00	0.00	0.00	0.00	0.00	0.00	0.00
70%	79.40	0.00	0.00	0.00	0.00	0.00	0.00
80%	85.71	40.23	0.00	0.00	0.00	0.00	0.00
90%	86.53	68.77	0.00	0.00	0.00	0.00	0.00
100%	87.12	90.94	0.49	0.19	0.00	0.00	0.00

TY-WR-100M 测试结果如表 8.9 所示。

表 8.9　TY-WR-100M 丢包率测试结果

单位：%

负载	帧长						
	64	128	256	512	1024	1280	1518
10%	0.00	0.00	0.00	0.00	0.00	0.00	0.00
20%	0.02	0.00	0.00	0.00	0.00	0.00	0.00
30%	0.02	0.03	0.00	0.00	0.00	0.00	0.00
40%	0.06	0.03	0.00	0.00	0.00	0.00	0.00
50%	0.07	0.05	0.01	0.00	0.00	0.00	0.00
60%	9.55	0.05	0.04	0.00	0.00	0.00	0.00
70%	22.44	0.10	0.05	0.00	0.00	0.00	0.00
80%	32.37	5.92	0.05	0.01	0.00	0.00	0.00
90%	40.42	16.13	0.17	0.03	0.00	0.00	0.00
100%	45.41	90.94	7.35	1.12	0.55	0.43	0.49

8.2.5.3 延迟率

对于存储转发设备，延迟率表示输入端最后一位比特进入后和输出端第一位比特离开之间的间隔。对于直通转发的设备，延迟率表示输入端第一位比特进入后和输出端第一位比特离开的间隔。

（1）测试方法和工具

采用 Smart Bits 6000 及配套软件 Smart Application，分别测试 WE826-T 在 100M、全双工模式下的延迟率指标，以及 TY-WR-100M 在 1000M、全双工模式下的延迟率指标。

（2）测试步骤

使用 Smart Bits 6000 的 Port 1 和 Port 2 对路由器的 FastEthernet 0 和 FastEthernet 1 接口收发测试数据包；

测试路由器在开启路由转发情况下的延迟率。

测试参数配置：

帧长：64、128、256、512、1024、1280、1518 字节；

方向：单向；

性能测试仪端口状态：100M（WE826-T）和 1000M（TY-WR-100M）、全双工、协商状态；

其他参数：试验持续时间：120 秒；试验次数：20 次；试验负载：分别在 64、128、256、512、1024、1280、1518 字节帧长情况下测试不同负载。

（3）测试结果

WE826-T 延迟率测试结果如表 8.10 所示。

表 8.10　WE826-T 延迟率测试结果

单位：μs

负载	帧长						
	64	128	256	512	1024	1280	1518
100%	—	—	—	—	613.45	702.85	842.75
90%	—	—	171.35	379.9	—	—	—
70%	—	39.45	—	—	—	—	—
40%	34.6	—	—	—	—	—	—

TY-WR-100M 延迟率测试结果，如表 8.11 所示。

表 8.11　TY-WR-100M 延迟率测试结果

单位：μs

负载	帧长						
	64	128	256	512	1024	1280	1518
90%	—	—	—	—	155.1	154.6	149.6
70%	—	—	—	83	—	—	—
50%	—	—	76.1	—	—	—	—
20%	—	66.7	—	—	—	—	—
10%	14.7	—	—	—	—	—	—

8.3　IPV9 网络管理服务器测试

网络管理是指对整个网络中的硬件、软件和资源的使用、综合与协调，以便对网络资源进行监视、测试、配置、管理和控制，如实时运行性能、服务质量等。此外，当网络出现故障时能及时报告并处理，同时协调、保持网络系统的高效运行等。网络管理通常简称为网管。

网络管理技术是伴随着计算机、网络和通信技术的发展而发展的，二者相辅相成。从网络管理的范畴来分类，可分为对网"路"的管理，即对交换机、路由器等主干网络进行管理；对接入设备的管理，即对网络内部计算机、服务器、交换机等进行管理；对行为的管理，即针对用户的使用进行管理；对资产的管理，即统计 IT 软硬件的信息等。

IPV9 网络管理服务器支持以下操作系统：Linux、IBM AIX、FreeBSD、NetBSD、OpenBSD、HP-UX、MAC OS X、Solaris、Windows 等；支持的数据库包括 Mysql、Oracle、PostgreSQL 等。西安—林州节点管理环境设置如下：192.168.30.9（内网）；40000001[86[29[1[3]300（IPV9）；IPV9-OS（Ver3.1-64bit）；CentOS Linux Release 7.2.1511（Core）；具体如下：

8.3.1　网络管理服务器

该网络管理包括三大节点，主节点：西安；从节点：西安工大；从节点：林州。主节点服务器部署在西安工大国家工程实验室机房，作为 IPv4/IPV9 服务器，接入网络运营商为教育网，主要用来作为网络管理服务器，用于对千兆、百兆路由器上线等设备信息的监测与管理。

（1）网卡配置

本服务器配置了内网网卡，如图 8.17 所示。因同时存在 IPV9 相关协议，重启网卡后，请执行 sh /etc/shty/init.sh，否则将会出现内网连通故障影响部分程序正常运行。

```
enp7s0: flags=4163<UP,BROADCAST,RUNNING,MULTICAST>  mtu 1500
        inet 192.168.30.9  netmask 255.255.255.0  broadcast 192.168.30.255
        inet6 fe80::230:18ff:fe0f:c9ef  prefixlen 64  scopeid 0x20<link>
        ether 00:30:18:0f:c9:ef  txqueuelen 1000  (Ethernet)
        RX packets 25458  bytes 1785143 (1.7 MiB)
        RX errors 0  dropped 0  overruns 0  frame 0
        TX packets 2950  bytes 3174852 (3.0 MiB)
        TX errors 0  dropped 0  overruns 0  carrier 0  collisions 0
        device memory 0xfbd00000-fbd1ffff
```

图 8.17　内网网卡配置

网卡配置文件存放在 /etc/sysconfig/network-scripts/，文件命名统一为 ifcfg- 网卡名称，例如 ifcfg-enp7s0，如图 8.18 所示。

```
ifcfg-enp6s0   ifdown-bnep    ifdown-ipv6    ifdown-ppp     ifdown-TeamPort
ifcfg-enp7s0   ifdown-eth     ifdown-ipv9    ifdown-routes  ifdown-tunnel
ifcfg-lo       ifdown-ib      ifdown-isdn    ifdown-sit     ifup
ifdown         ifdown-ippp    ifdown-post    ifdown-Team    ifup-aliases
```

图 8.18　网卡配置文件

配置网卡 eno1，vi /etc/sysconfig/network-scripts/ifcfg-enp7s0；IPADDR= 运营商 IP，PREFIX= 子网掩码，GATEWAY= 网关 IP；DNS1/2= 填写相应的运营商 DNS 或者 114.114.114.114 公共 DNS，配置完成后如图 8.19 所示。

```
TYPE=Ethernet
BOOTPROTO=static
NAME=enp7s0
UUID=655f9c2b-e383-4a9e-9e3e-6fb619ffa8b1
DEVICE=enp7s0
ONBOOT=yes
IPADDR=192.168.30.9
PREFIX=24
#GATEWAY=192.168.30.1
IPV9INIT=yes
IPV9ADDR="40000001[86[29[1[3]300/224"
IPV9_DEFAULTGW="40000001[86[29[1[3]1"
DNS1=32768[86[21[4]192.168.15.97
DNS2=192.168.15.97
~
```

图 8.19　网卡配置完成

（2）登录注意事项

登录方式：密码登录。

nginx 配置文件：/usr/local/nginx/conf/nginx.conf，完成后如图 8.20 所示。

```
server {
    listen          80;
    server_name   localhost;

    location / {
        root    /usr/local/nginx/html;
        index   index.php;
    }


    error_page    500 502 503 504    /50x.html;
    location = /50x.html {
        root    html;
    }


    location ~ \.php$ {
        root            /usr/local/nginx/html;
        fastcgi_pass    127.0.0.1:9000;
        fastcgi_index   index.php;
        fastcgi_param   SCRIPT_FILENAME $document_root$fastcgi_script_name;
        include         fastcgi_params;
        fastcgi_connect_timeout 10;
        fastcgi_send_timeout 600;
        fastcgi_read_timeout 600;
        fastcgi_buffer_size 32k;
        fastcgi_buffers 32 4k;
        fastcgi_busy_buffers_size 64k;
        fastcgi_temp_file_write_size 256k;
        fastcgi_intercept_errors on;
        fastcgi_pass_header on;
        fastcgi_keep_conn on;
        #fastcgi_cache APPCACHE;
        #fastcgi_cache_valid 60m;
    }

}
```

图 8.20　nginx 配置结果

mng 配置：具体配置请参考《IPV9 网络管理系统使用说明书》。rc.local
配置，如图 8.21 所示。

```
[root@mng-v9 conf]# cat /etc/rc.local
#!/bin/sh
#
# This script will be executed *after* all the other init scripts.
# You can put your own initialization stuff in here if you don't
# want to do the full Sys V style init stuff.

touch /var/lock/subsys/local
/etc/shty/init.sh
```

图 8.21　rc.local 配置

此文件内的所有脚本及命令会在开机时自动启动。初次使用时请执行
chmod +x /etc/rc.d/rc.local 设置执行权限，否则失效。/etc/shty/init.sh 启动 V9 初
始化脚本，连通内网。

iptables 配置：该配置一般只出现在 IPV9 服务器中，主要用来开放端口
及配置其他防火墙相关规则。配置文件：/etc/sysconfig/iptables。修改完成后执
行 systemctl restart iptables，否则无法生效，如图 8.22、图 8.23 所示。

```
#ssh port
-A INPUT -p tcp -m tcp --dport 60022 -j ACCEPT
-A INPUT -p ipv9 -j ACCEPT
-A INPUT -p icmp9 -j ACCEPT
-A INPUT -m state --state RELATED,ESTABLISHED -j ACCEPT

#r9mng for zabbix port
-A INPUT -m state --state NEW -m tcp -p tcp --dport 10065:10066 -j ACCEPT
-A INPUT -m state --state NEW -m udp -p udp --dport 10065:10066 -j ACCEPT

#mysql port
-A INPUT -m state --state NEW -m tcp -p tcp --dport 3306 -j ACCEPT
```

图 8.22　iptables 配置

```
#http port
-A INPUT -m state --state NEW -m tcp -p tcp --dport 80 -j ACCEPT
-A INPUT -m state --state NEW -m tcp -p tcp --dport 8080 -j ACCEPT
-A INPUT -m state --state NEW -m tcp -p tcp --dport 3000 -j ACCEPT
-A INPUT -m state --state NEW -m tcp -p tcp --dport 500 -j ACCEPT
-A INPUT -m state --state NEW -m tcp -p tcp --dport 7547 -j ACCEPT
-A INPUT -m state --state NEW -m tcp -p tcp --dport 7557 -j ACCEPT
-A INPUT -m state --state NEW -m tcp -p tcp --dport 7567 -j ACCEPT
-A INPUT -m state --state NEW -m tcp -p tcp --dport 22 -j ACCEPT
-A INPUT -m state --state NEW -m tcp -p tcp --dport 3389 -j ACCEPT
-A INPUT -m state --state NEW -m tcp -p tcp --dport 443 -j ACCEPT

-A INPUT -m state --state NEW -m tcp -p tcp --dport 4118 -j ACCEPT
-A INPUT -m state --state NEW -m udp -p udp --dport 4118 -j ACCEPT

#ssh allow 3 times within 30 seconds
-I INPUT -p tcp --dport 60022 -m state --state NEW -m recent --set
-I INPUT -p tcp --dport 60022 -m state --state NEW -m recent --update --seconds 30 --hitcount 3 -j DROP
```

图 8.23　iptables 配置完成

8.3.2　服务器运营测试

宝塔是一个简单好用的服务器运维面板。对于 Linux 服务器，一般没有安装图形桌面系统，用户只能通过 SSH 方式登录服务器，使用 shell 命令来控制和操作服务器和文件。例如安装软件和程序、复制粘贴、创建文件等，任何操作都没有图形界面，这样对于非技术人员还是比较有难度的，因此，宝塔面板就应运而生了。目前，Linux 系统和 Windows 系统都有了宝塔面板，且宣称永久免费。

下面以西安十进制网络科技有限公司的设置为例介绍。

该服务器部署在西安主节点，作为纯 IPv4 服务器，接入网络运营商为中国电信，目前，上线网站包括林州商会（http://xalz.zghqq.cn）、国际期刊（http://ijanmc.zgv9.cn）、十进制网络（http://www.xasjz.cn）、微九研究院（http://www.zgv9.cn）、王中生（http://wls.zgv9.cn）、诺顿留学（http://www.xand168.cn）、V9 商城（http://shop.xasjz.cn/index.html）、十进制 Shell（https://code.xasjz.cn）。该服务器部署了宝塔 Linux 面板（http://xabt.xasjz.cn:8888/sjzbt），详细设置和查看如图 8.24 至图 8.26 所示。

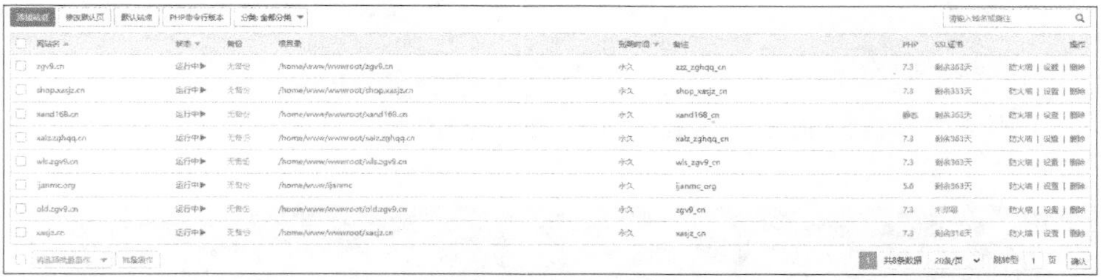

图 8.24　站点设置

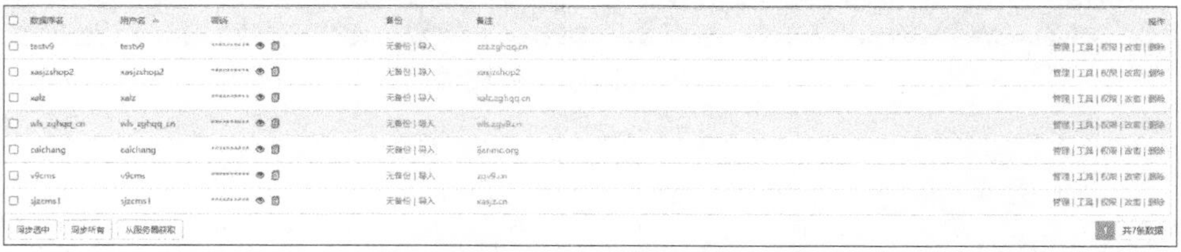

图 8.25　站点管理

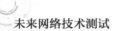

图 8.26　系统安装软件

（1）网卡配置

该服务器配置了外网网卡，如图 8.27 所示。

```
eno1: flags=4163<UP,BROADCAST,RUNNING,MULTICAST>  mtu 1500
      inet 117.39.28.84  netmask 255.255.255.248  broadcast 117.39.28.87
      inet6 fe80::3598:6bec:8024:c39d  prefixlen 64  scopeid 0x20<link>
      ether 08:94:ef:a4:a8:16  txqueuelen 1000  (Ethernet)
      RX packets 2589659  bytes 225113007 (214.6 MiB)
      RX errors 0  dropped 12  overruns 0  frame 0
      TX packets 1102629  bytes 316232501 (301.5 MiB)
      TX errors 0  dropped 0 overruns 0  carrier 0  collisions 0
```

图 8.27　外网网卡配置

网卡配置文件存放在 /etc/sysconfig/network-scripts/，文件命名统一为
ifcfg- 网卡名称，例如 ifcfg-eno1，如图 8.28 所示。

```
[root@localhost network-scripts]# ls
ifcfg-eno1         ifcfg-lo        ifdown-ippp    ifdown-routes
ifcfg-eno2         ifdown          ifdown-ipv6    ifdown-sit
ifcfg-eno3         ifdown-bnep     ifdown-isdn    ifdown-Team
ifcfg-eno4         ifdown-eth      ifdown-post    ifdown-TeamPort
ifcfg-enp0s20f0u1u6  ifdown-ib     ifdown-ppp     ifdown-tunnel
```

图 8.28　网卡配置文件

编辑网卡 eno1：vi /etc/sysconfig/network-scripts/ifcfg-eno1，IPADDR= 运营
商 IP，PREFIX= 子网掩码，GATEWAY= 网关 IP；DNS1/2= 填写相应的运营
商 DNS 或 114.114.114.114 公共 DNS，如图 8.29 所示。

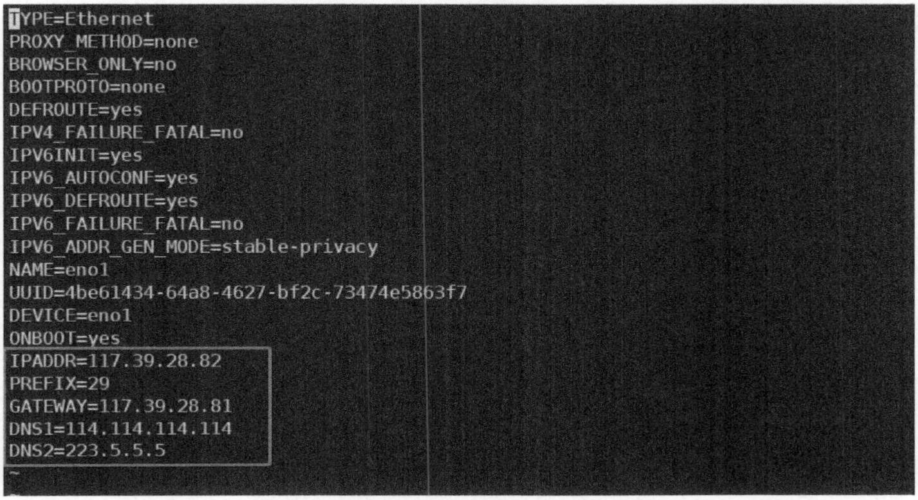
TYPE=Ethernet
PROXY_METHOD=none
BROWSER_ONLY=no
BOOTPROTO=none
DEFROUTE=yes
IPV4_FAILURE_FATAL=no
IPV6INIT=yes
IPV6_AUTOCONF=yes
IPV6_DEFROUTE=yes
IPV6_FAILURE_FATAL=no
IPV6_ADDR_GEN_MODE=stable-privacy
NAME=eno1
UUID=4be61434-64a8-4627-bf2c-73474e5863f7
DEVICE=eno1
ONBOOT=yes
IPADDR=117.39.28.82
PREFIX=29
GATEWAY=117.39.28.81
DNS1=114.114.114.114
DNS2=223.5.5.5

图 8.29　网卡配置完成

（2）登录及开机

登录方式：密钥登录。利用自身机器执行 ssh-keygen -t rsa 所产生的 id_rsa.pub 公钥文件内容，并追加到 /root/.ssh/authorized_keys 文件中。例如 cat id.rsa.pub >> /root/.ssh/authorized_keys，命令行直接 ssh root@117.39.28.84 即可登录，无需密码。Xshell 工具请选择公钥方式登录，选择私钥文件，如图 8.30 所示。

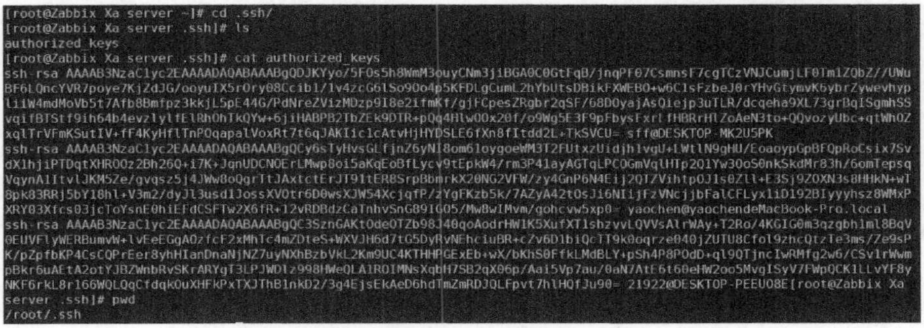
[root@Zabbix Xa server ~]# cd .ssh/
[root@Zabbix Xa server .ssh]# ls
authorized_keys
[root@Zabbix Xa server .ssh]# cat authorized_keys
server .ssh]# pwd
/root/.ssh

图 8.30　登录及开机操作

开机正常后即可进行相应的操作。

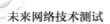

8.3.3 网管服务器系统测试

Zabbix 是一个基于 Web 界面的分布式系统监视及网络监视功能的企业级的开源解决方案。Zabbix 能监视各种网络参数，保证服务器系统的安全运营，并提供灵活的通知机制，让系统管理员快速定位 / 解决存在的各种问题。Zabbix 由两部分构成，即 ZabbixServer 与可选组件 ZabbixAgent。

ZabbixServer 可以通过 SNMP、ZabbixAgent、Ping、端口监视等方法提供对远程服务器 / 网络状态的监视，以及数据收集等功能，可以运行在 Linux、Solaris、HP-UX、AIX、Free BSD、Open BSD、OS X 等平台上。下面以西安十进制网络科技有限公司的设置为例展开介绍。

该服务器部署在西安主节点，作为纯 IPv4 服务器，接入网络运营商为中国电信、教育网。目前，该服务器作为 Zabbix Server 端，用来监控所有服务器，接受所有服务器性能参数。

（1）登录注意事项

登录方式：密钥登录。利用自身机器执行 ssh-keygen -t rsa 所产生的 id_rsa.pub 公钥文件内容，并追加到 /root/.ssh/authorized_keys 文件中。例如 cat id.rsa.pub >> /root/.ssh/authorized_keys，命令行直接 ssh root@117.39.28.85 即可登录，无需密码。Xshell 工具请选择公钥方式登录，选择私钥文件，如图 8.31 所示。

```
[root@Zabbix Xa server ~]# cd .ssh/
[root@Zabbix Xa server .ssh]# ls
authorized_keys
[root@Zabbix Xa server .ssh]# cat authorized_keys
ssh-rsa AAAAB3NzaC1yc2EAAAADAQABAAABgQDJKYyo/5FOs5h8WmM3ouyCNm3jiBGA0C0GtFqB/jnqPF07CsmnsF7cgTCzVNJCumjLF0Tm1ZQbZ//UWu
BF6LQncYVR7poye7KjZdJG/ooyuIX5rOry08Ccib1/1v4zcG6lSo9Oo4p5KFDLgCumL2hYbUtsDBikFXWEBO+w6C1sFzbeJ0rYHvGtymvK6ybrZywevhyp
liiW4mdMoVb5t7Afb8Bmfpz3kkjL5pE44G/PdNreZVizMDzp9I8e2ifmKf/gjFCpesZRgbr2qSF/68DOyajAsQiejp3uTLR/dcqeha9XL73grBqISgmhSS
vqifBTStf9ih64b4evzlylfElRhOhTkQYw+6jiHABPB2TbZEk9DTR+pQq4Hlw0Ox20f/o9Wg5E3F9pFbysFxrLfHBRrHlZoAeN3to+QQvozyUbc+qtWhOZ
xqlTrVFmKSutIV+fF4KyHflTnPOqapalVoxRt7t6qJAKIiclcAtvHjHYDSLE6fXn8fItdd2L+TkSVCU= sff@DESKTOP-MK2U5PK
ssh-rsa AAAAB3NzaC1yc2EAAAADAQABAAABgQCy6sTyHvsGLfjnZ6yNI8om6loygoeWM3T2FUtxzUidjh1vgU+LWtlN9gHU/EoaoypGpBFQpRoCsix7Sv
dX1hjiPTDqtXHROOz2Bh26Q+i7K+JqnUDCNOErLMwp8oi5aKqEoBfLycv9tEpkW4/rm3P4layAGTqLPCOGmVqlHTp2Q1Yw3OoS0nkSkdMr83h/6omTepsq
VqynA1ItvlJKM5Ze/gvqsz5j4JWw8oQgrTtJAxtctErJT91tER8SrpBbmrkX20NG2VFW/zy4GnP6N4Eij2QTZVihtpOJ1s0Zll+E3Sj9ZOXN3s8HHkN+wT
8pk83RRj5bY18hl+V3m2/dyJl3usd1JossXVOtr6D0wsXJW54XcjqfP/zYgFKzb5k/7AZyA42tOsJi6NIijFzVNcjjbFalCFLyx1iD192BIyyyhsz8WMxP
XRY03Xfcs03jcToYsnE0hiEFdCSFTw2X6fR+12vRDBdzCaTnhvSnG891GO5/Mw8w1Mvm/gohcvw5xp0= yaochen@yaochendeMacBook-Pro.local
ssh-rsa AAAAB3NzaC1yc2EAAAADAQABAAABgQC3SznGAKtOdeOTZb98J40qoAodrHW1K5XufXTlshzvvLQVVsAlrWAy+T2Ro/4KGIG0m3qzgbh1ml8BqV
0EUVFlyWERBumvW+lvEeEGgAOzfcF2xMhTc4mZDteS+WXVJH6d7tG5DyRvNEhciuBR+cZv6D1biQcTT9k0oqrze040jZUTU8Cfol9zhcQtzTe3ms/Ze9sP
K/pZpfbKP4CsCQPrEer8yhHIanDnaNjNZ7uyNXhBzbVkL2Km9UC4KTHHPGExEb+wX/bKhS0FfkLMdBLY+pSh4P8POdD+ql9QTjncIwRMfg2w6/CSv1rWwm
pBkr6uAEtA2otYJBZWnbRvSKrARYgT3LPJWDlz998HWeQLA1ROIMNsXqbH7SB2qX06p/Aai5Vp7au/0aN7AtE6t60eHW2oo5MvgISyV7FWpQCK1LLvYF8y
NKF6rkL8r166WQLQqCfdqkOuXHFkPxTXJThB1nkD2/3g4EjsEkAeD6hdTmZmRDJQLFpvt7hlHQfJu90= 21922@DESKTOP-PEEUO8E[root@Zabbix Xa
server .ssh]# pwd
/root/.ssh
```

图 8.31　系统登录

（2）网卡配置

该服务器配置了内网、外网双网卡，网卡配置如图 8.32、图 8.33 所示。

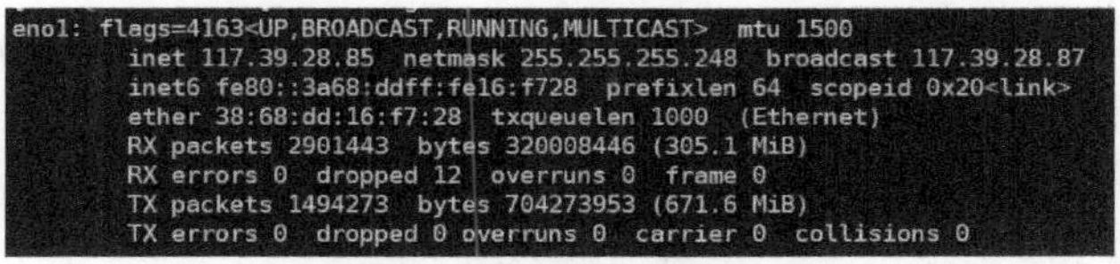

```
eno1: flags=4163<UP,BROADCAST,RUNNING,MULTICAST>  mtu 1500
        inet 117.39.28.85  netmask 255.255.255.248  broadcast 117.39.28.87
        inet6 fe80::3a68:ddff:fe16:f728  prefixlen 64  scopeid 0x20<link>
        ether 38:68:dd:16:f7:28  txqueuelen 1000  (Ethernet)
        RX packets 2901443  bytes 320008446 (305.1 MiB)
        RX errors 0  dropped 12  overruns 0  frame 0
        TX packets 1494273  bytes 704273953 (671.6 MiB)
        TX errors 0  dropped 0 overruns 0  carrier 0  collisions 0
```

图 8.32　外网网卡配置

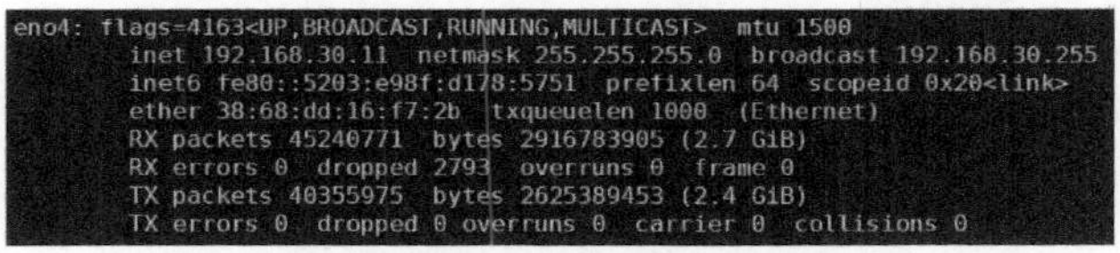

```
eno4: flags=4163<UP,BROADCAST,RUNNING,MULTICAST>  mtu 1500
        inet 192.168.30.11  netmask 255.255.255.0  broadcast 192.168.30.255
        inet6 fe80::5203:e98f:d178:5751  prefixlen 64  scopeid 0x20<link>
        ether 38:68:dd:16:f7:2b  txqueuelen 1000  (Ethernet)
        RX packets 45240771  bytes 2916783905 (2.7 GiB)
        RX errors 0  dropped 2793  overruns 0  frame 0
        TX packets 40355975  bytes 2625389453 (2.4 GiB)
        TX errors 0  dropped 0 overruns 0  carrier 0  collisions 0
```

图 8.33　内网网卡配置

网卡配置文件存放在 /etc/sysconfig/network-scripts/，文件命名统一为 ifcfg- 网卡名称，例如 ifcfg-eno1，如图 8.34 所示。

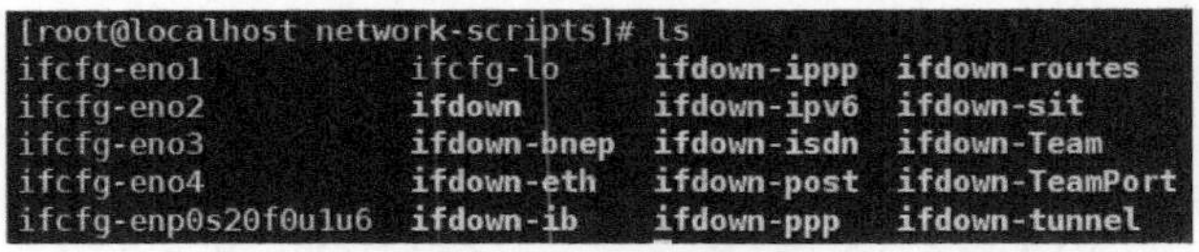

```
[root@localhost network-scripts]# ls
ifcfg-eno1           ifcfg-lo      ifdown-ippp    ifdown-routes
ifcfg-eno2           ifdown        ifdown-ipv6    ifdown-sit
ifcfg-eno3           ifdown-bnep   ifdown-isdn    ifdown-Team
ifcfg-eno4           ifdown-eth    ifdown-post    ifdown-TeamPort
ifcfg-enp0s20f0u1u6  ifdown-ib     ifdown-ppp     ifdown-tunnel
```

图 8.34　网卡配置文件

配置网卡：eno1，vi /etc/sysconfig/network-scripts/ifcfg-eno1，IPADDR= 运营商 IP，PREFIX= 子网掩码，GATEWAY= 网关 IP，DNS1/2= 填写相应的运营商 DNS 或 114.114.114.114 公共 DNS，如图 8.35 所示。

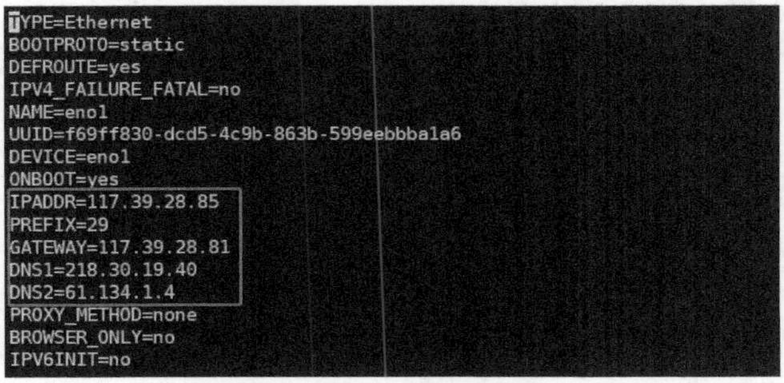

```
TYPE=Ethernet
BOOTPROTO=static
DEFROUTE=yes
IPV4_FAILURE_FATAL=no
NAME=eno1
UUID=f69ff830-dcd5-4c9b-863b-599eebbba1a6
DEVICE=eno1
ONBOOT=yes
IPADDR=117.39.28.85
PREFIX=29
GATEWAY=117.39.28.81
DNS1=218.30.19.40
DNS2=61.134.1.4
PROXY_METHOD=none
BROWSER_ONLY=no
IPV6INIT=no
```

图 8.35　网卡配置完成

（3）Zabbix 配置

主配置文件：/etc/Zabbix/Zabbix_server.conf；

日志文件位置：LogFile=/var/log/Zabbix/Zabbix_server.log；

Server 默认监听端口：ListenPort=10051；

数据库：DBName=Zabbix，DBUser=Zabbix，DBPassword=Zabbix；

（4）rc.local 配置

使用 route add −net 192.168.31.0/24 gw 192.168.30.1 命令添加内网路由，如图 8.36 所示。

```
touch /var/lock/subsys/local
route add -net 192.168.31.0/24 gw 192.168.30.1
~
~
```

图 8.36　添加内网路由

打开 https://Zabbix.xasjz.cnZabbix 网页端查看相关参数，如果无法打开执行 systemctl status Zabbix−server 检查 Zabbix 是否正常启动。

8.4　IPV9 网络管理系统测试

本部分内容来自于十进制网络标准工作小组 2016 年编写的《IPV9 网络管理系统软件使用说明书》，有删改。本节内容将对目前试运行的 IPV9 节点进行监控和管理。

本系统可以监视各种网络参数，例如 CPU 负载、可用内存、网卡的出口与入口流量、用户口令的更新情况等。本系统的目标是保证服务器系统及相关网络设备的安全运营，对于系统出现的异常情况应及时通知管理员，帮助管理员快速地找到定位并解决存在的各种问题。

8.4.1　IPV9 网络管理系统

IPV9 网络管理系统可以对网络内的设备进行全方位的监控，以保证网络的安全运行。该系统实现了如下功能。

（1）数据收集

可用性和性能检测，支持 SNMP、IPMI、JMX 及代理接口，自定义时间间隔收集数据。

（2）灵活的阈值定义

该系统提供了触发器，用户可以自定义触发器的阈值，高级的告警配置，可以自定义告警的内容、接收者及告警方式，支持 email、EMS 等法师，支持宏，即用户自定义变量，支持远程命令。

（3）实时绘图

支持实时绘图，用户可以自定义时间段，包括 1 分钟、5 分钟、10 分钟、1 小时、1 天等时间周期。

（4）可扩展的图形化显示

允许自定义创建监控图形；支持网络拓扑图，拓扑图颜色可以实时变化；用户可以自定义视图，即将多张图片放在一起实时显示，方便用户查看；支持幻灯片显示，可以实时轮换视图；提供了可用性报告，供用户了解某个周期某个触发器的历史情况等。

（5）数据存储

数据存储在数据库中，历史数据可以配置，可以自定义历史数据的清理时间。

（6）设备自动发现

支持自定义发现规则，支持自动发现网络设备、自动发现硬盘、网卡设备等。

（7）权限系统

安全的权限认证，支持分布式权限控制。

（8）二进制守护进程

采用 C 语言开发，性能高、内存消耗低、方便移植。

（9）IT 服务

支持自定义 IT 服务器，方便用户了解系统状态。

（10）数据查看

支持总览功能，可以实时查看最新数据，并提供了与上一次值的比较情况。

（11）网站监控

支持对网站的响应速度、下载速度进行监控，模拟用户操作实现。

（12）资产管理

提供了资产管理功能，支持自动或手动更新资产记录字段。

（13）系统配置

支持模板操作，设备维护方便，用户可以自定义维护周期及是否采集数据。

（14）分布式架构

支持多级分布式控制，下级自动向上级传递数据，以减轻服务器压力，数据更加安全，并进行多个地点备份。

（15）支持多网络

支持 IPv4 网络，支持 IPV9 网络，可以获取 IPV9 地址信息和 IPV9 路由信息。

8.4.2 如何访问监控网站

系统支持各种浏览器，如谷歌、火狐、IE 浏览器等，以下以谷歌浏览器为例。

首先单击谷歌浏览器图标，打开浏览器；输入：http://202.170.218.75/r9mng，按 Enter 键完成操作。

（1）登录

登录过程如下：进入登录页面；输入用户名和密码；单击登录按钮即可，如图 8.37 所示。

图 8.37　系统登录

（2）菜单栏

"监控中"菜单项包括：主控台、总览、Web 监控、最新数据、触发器、事件、图形、视图、拓扑图、IT 服务，如图 8.38 所示。

图 8.38　监控中菜单

"资产清单"菜单包括总览和主机。

"系统评估"菜单包括可用性报表和前 100 触发器。

（3）退出系统

单击右上角的关机按钮，退出本系统，如图 8.39 所示。

图 8.39　退出系统按钮

（4）主界面介绍

主界面顶端为菜单栏和工具栏，包括菜单项、搜索栏；屏幕中间为内容展示区域，屏幕底部为版权，如图 8.40 所示。节点监控界面如图 8.41 所示。

（5）个性化配置

本系统支持个性化设置，包括主题、语言、自动刷新时间、自动登录和退出，以及每页显示条数和登录后的跳转地址，单击右上角的人物小图标，进入个人化配置页面，按照提示设置相应内容，如图 8.42 所示。设置完成后单击"更新"按钮即可。

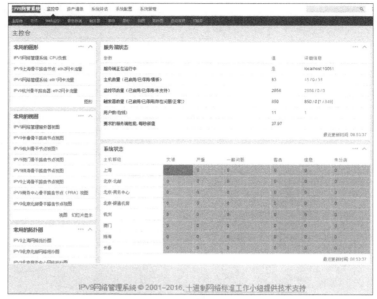

图 8.40　IPV9 网管系统主界面

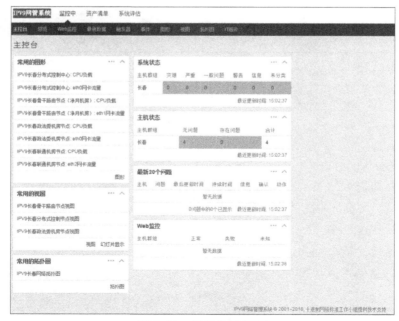

图 8.41　网络监控界面

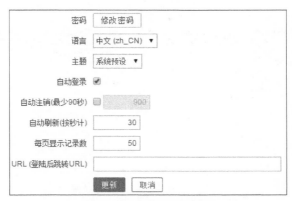

图 8.42 个性化设置界面

8.4.3 功能概述与操作说明

该系统支持对服务器进行实时监控、实时获取最新监控数据，以列表形式或图形形式展示。支持自定义图表、支持视图、支持幻灯片显示、支持 IT 服务等功能。本系统的大部分操作通过点击菜单，展示相关内容。

（1）功能模块

该模块会展示用户常用的图形、常用的视图、常用的拓扑图、服务端状态、系统状态、主机状态、最新 20 个问题、Web 监控等内容。操作如下。

单击菜单栏的"监控中"菜单，再单击子菜单"主控台"命令，系统会进入相应界面，如图 8.43 所示。

主控台中"常用的图形"表示用户经常使用的图形。单击相应链接即可查看图形。

主控台中"常用的视图"表示用户经常使用的视图，单击相应的链接即可查看视图。

主控台中"常用的拓扑图"展示的是用户常用的网络拓扑图，单击相应链接即可查看拓扑图。

主控台中"服务端状态"主要了解服务端的状态，包括监控项数量、主机数量、监控项数量、触发器数量、用户数、要求的服务端性能等。

主控台中"系统状态"主要是统计各个主机群组处于不同触发器状态的数据，例如有多少台机器处于严重状态、多少台机器处于警告状态等信息。

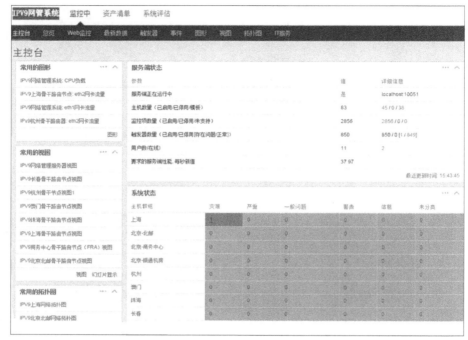

图 8.43　主控台界面

主控台中"主机状态"主要是统计某个主机有问题的设备有几台、无问题的设备有几台，总共有几台设备等信息。

主控台中"最新 20 个问题"主要是显示最初存在的 20 个问题的信息。

主控台中"Web 监控"主要是统计各个主机群组的被监控的网站的状态。

（2）总览（监控中）

总览是对数据和触发器的概要显示，分为总览数据和触发器总览。

数据总览：主要展示最新采集到的数据的概览情况，根据主机来区分。

操作步骤：用户单击右上角的类型下拉框，选择数据；用户选择查看某个主机群组的数据概览，也可以按应用集查询；单击相应按钮后系统会展示出相应的数据。

触发器总览：展示触发器的大概情况。用户可以通过选择查询条件来过滤触发器数据，单击完相应按钮后系统会将相关数据展示出来。

（3）Web 监控

Web 监控功能模块主要对网站进行监控，采集网站的性能数据，然后以图表的形式展示给用户。可以查看网站监控数据，在列表页面展示某个被监控网站的数据，如图 8.44 所示。

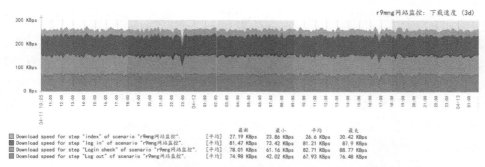

图 8.44　Web 监控功能模块

（4）最新数据

最新数据主要展示最新收集到的数据，提供条件查询功能。用户可以按照条件来过滤最新数据、例如按照触发器状态或主机来过滤最新数据。

（5）触发器

触发器展示了所有主机的触发器相关信息，并提供了条件查询功能。该模块为用户提供了按条件过滤触发器数据的功能。

（6）事件

事件模块展示了触发器触发过的事件或自动发现的主机信息。该模块主要是查看触发器触发了哪些事件，可以了解该事件的严重性、持续时间、是否确认等。

（7）图形

图形模块功能是将采集到的数据以图形方式展示给用户。用户可以查看不同监控的图形，也可以选择某一时间段，查看该时间段内的图形概况。

（8）视图

有时希望将多个图形放在一起查看，以便更好地了解系统的状态，此时视图就可以完成该功能。此外，有时也需要能实现 PPT 类似的功能，如自动轮播图片，幻灯片显示功能就能满足该需求。

（9）拓扑图

拓扑图是为了形象地展示当前的网络架构，方便用户一目了然地了解当前的网络架构和主机实时状态。该模块提供了创建拓扑图、编辑拓扑图、导入、导出、删除等功能。

在拓扑图列表页面，单击拓扑图名称，系统会进入拓扑图详细页面，如图 8.45 所示。

在拓扑图列表页面，单击右边的"构造器"按钮，或在拓扑图展示页面单击右上角的"编辑拓扑图"按钮，可以编辑拓扑图，如图 8.46 所示。

用户可以利用顶端的工具栏构造拓扑图。先添加相应的图标；然后修改图标属性，完成后单击应用按钮，再单击关闭按钮；选中两个图标，单击工具栏上的"连线"右边的"添加按钮"添加连线，可以修改连线的颜色，并可以为连线添加触发器。

完成以上操作后，单击上方的"更新"完成操作。

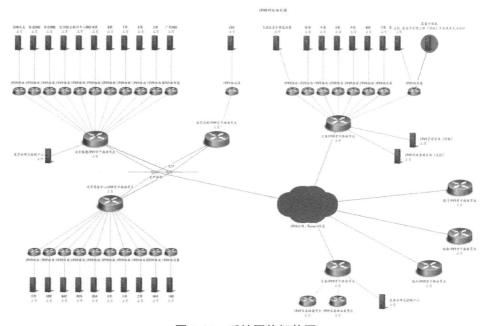

图 8.45　系统网络拓扑图

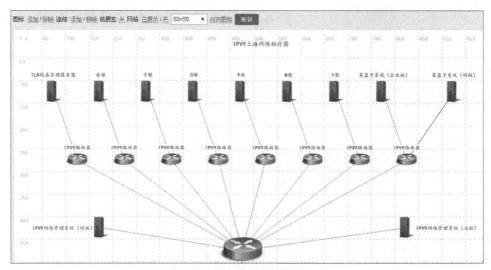

图 8.46　构造系统网络拓扑图

（10）自动发现

自动发现用于展示自动发现到的主机信息，即根据设置好的发现规则自动进行。

（11）IT 服务

对于不懂技术的用户，也可以查看当前的服务器运营状态及当前服务器的在线率，即 IT 服务。该模块提供按周期查看 IT 服务信息，功能界面如图8.47 所示。

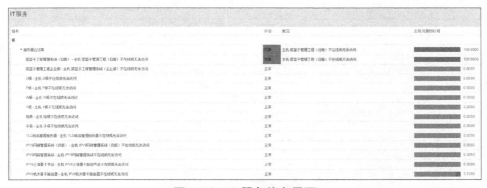

图 8.47　IT 服务信息界面

用户可以查看某个特定时间周期的 IT 服务信息。在 IT 服务信息页面，单击右上角的周期下拉框，选择周期即可。

（12）总览（资产清单）

总览功能主要是为用户提供主机资产的分类概要信息，系统可以根据用户的分组条件进行统计。

（13）主机（资产清单）

本功能主要是查看主机的详细信息，如图 8.48 所示。

图 8.48　主机详细信息图

该功能可以根据用户条件查询主机信息。先输入查询条件，然后单击查询按钮完成查询操作。单击右边的详细信息按钮，即可查看详细信息，如图 8.49 所示。

图 8.49　主机详细信息

（14）可用性报表

本功能主要是统计触发器的可用性。单击菜单栏中的"系统评估"菜单项，选择子菜单项"可用性报表"，系统将会展示相应的界面。

本系统为用户提供了多种统计内容，如模式、时间、主机、主机群组等条件。

（15）前 100 触发器

本功能主要向用户统计使用最多的前 100 个触发器。单击菜单栏中的"资产评估"菜单项，然后选择子菜单项"前 100 触发器"，系统将会显示相应的信息。

该模块为用户提供了快捷的查询功能。

（16）操作日志

系统为了保证安全，对所有的操作都有相关记录，无论是用户的登录、增加、还是其他操作都会有记录。本模块为管理员提供了查询操作日志的功能，用户可以输入条件查询操作日志，如操作人、动作、类型等。

（17）告警信息

本模块主要向用户展示已经发送的告警信息内容，方便管理员及时了解系统的状态。

（18）通知分析

本模块为用户统计已发送的告警通知的次数。系统为用户提供了过滤数据的功能。

在通知分析界面，在用户页面右上角选择过滤条件，如媒介类型、周期、年份等，系统根据用户的选择展示相应的数据。

第 9 章 泰山操作系统

在计算机中，操作系统是最基本也是最为重要的基础性系统软件。从计算机用户的角度来说，计算机操作系统可以为用户提供各项服务；从程序员的角度来说，操作系统主要是指用户登录的界面或接口；如果从设计人员的角度来说，是指各种模块和单元之间的联系。事实上，全新操作系统的设计和改良，其关键工作是对体系结构的设计。十进制网络标准工作组基于 Linux 内核设计了全新的 IPV9 架构的桌面版操作系统，本章简要介绍泰山操作系统是基于 Ubuntu 的开源 Linux 操作系统，目标是创建更适合中文用户的 Linux 发行版，由 Canonical 公司与我国工业和信息化部 CCN 开源创新联合实验室开发。

9.1 桌面操作系统介绍

9.1.1 软件包介绍

（1）安装软件包

下载地址：http://www.zsw9.cn/ubuntukylin9–16.04.2–2017.09.20–enhanced–amd64.iso;

可将该 iso 刻录成光盘和 USB 启动盘和安装；

版本：v9 内核 Linux 3.18.27 _x86，支持 IPV9 网络的 Mozilla–Firefox 浏览器（Nightly 48.0）；

硬件支持和环境：

CPU：x86_64 系列；

内存：4G 以上；

硬盘：64G 以上；

显卡：集成显卡或者外置显卡；

网卡：Realtek 系列 PCI 有线、无线网卡；

支持声卡 USB：鼠标、键盘；

路由器：IPv4/IPV9 骨干路由器和双栈用户端接入 VPN 路由器。

（2）Ubuntu kylin 软件

泰山计划 –2002，Linux–IPV9/V4/V6 内核的 Ubuntu Kylin16.04 是带有 IPV9 协议栈的 Linux 操作系统。Ubuntu kylin 16.04 原生软件程序，使用说明参考网址：https://forum.ubuntu.org.cn/ 或者 https://www.ubuntukylin.com/，Ubuntu kylin 原生软件包包括以下内容。

① 个性设置。安全和隐私、亮度和锁屏、外观、文本输入和多语言（支持中文简繁体、搜狗输入法）等。

② 硬件设置。手写板、打印机、电源电池、键盘、蓝牙、色彩、声音、鼠标和触摸屏、网络和显示等支持。

③ 系统设置。软件和升级、备份、时间和日期、通用辅助功能、系统信息、用户账户管理和系统监控器等。

④ 命令终端。GNOME 终端，支持所有的 Linux 功能命令行。

⑤ 办公软件。WPS 文字、WPS 表格和 WPS 演示，LibreOffice 办公套件，Trunderbird 邮件客户端（修改支持 IPV9 网络）。

⑥ 网络软件。Google Chrome 浏览器，Firefox 火狐浏览器（修改支持 IPV9 网络）、微信 Ubuntu 网页版和软件商店等。

⑦ 附件。计算器、归档管理器、Gedit 文本编辑器、远程桌面客户端、硬盘分区编辑器、日历天气和文件搜索等。

⑧ 图像影音。图像查看器、截图工具、GIMP 图片编辑器、音乐播放器、SMPlayer 和 mpv 影像播放器。

⑨ 开发工具。Vim 代码编辑器、Wireshark 网络分析器（修改支持 IPV9 网络）。

⑩ 其他软件。接龙游戏、扫雷游戏等。

9.1.2　IPV9 网络相关命令

（1）命令终端程序

① ifconfig9：显示或配置 IPV9 网络设备（网络接口卡）的命令程序。

使用说明：

功能：为一个网络接口卡添加／删除一个 V9 地址

语法：ifconfig9 DEVNAME add/del V9_ADDR/MASK

示例：

    ifconfig9

    ifconfig9 eth0 add 3000000000[6]2/32

    ifconfig9 eth1 del 3000000000[6]2/32

②ping9：因特网包探索器，用于测试 IPV9 网络连接量的命令程序。

功能：使用网络差错控制协议诊断与一个目标 IPV9 地址的联通状况

语法：ping9 −a inet9 V9_ADDR

示例：

    ping9 −a inet9 32768[86[21[4]199

③route9：显示、人工添加和修改 IPV9 网络连接路由和路由器的表项目。

功能：添加／删除一条 IPV9 网络的路由

语法：route9 −A inet9 add V9_NET/MASK [gw DST_V9_ADDR] [dev DEVNAME]

示例：

    route9 −A inet9 add default gw 1000000000[6]1 （default 为默认路由）

    route9 −A inet9 add 2000000000[7]/32 gw 1000000000[6]1

    route9 −A inet9 add 2000000000[7]/32 gw 1000000000[6]1 dev eth0

    route9 −A inet9 add 2000000000[7]/32 dev eth1

④iptunnel9：建立 IPV9 网络连接隧道的命令程序。

功能：添加／删除一个 IPV9 隧道

语法：iptunnel9 { add | change | del | show } [NAME]

    [mode { ipip | gre | sit }] [remote ADDR] [local ADDR]

    [[i|o]seq] [[i|o]key KEY] [[i|o]csum]

    [ttl TTL] [tos TOS] [nopmtudisc] [dev PHYS_DEV]

示例：

    iptunnel9 add tun90 mode sit remote 192.168.15.156

    iptunnel9 del tun90

⑤ ssh9/sshd9：IPV9 网络远程登录会话和其他网络服务的安全性协议程序。

功能：ssh 远程 IPV9 主机

语法：ssh9 [–1249AaCfgKkMNnqsTtVvXxYy] [–b bind_address] [–c cipher_spec]

　　　[–D [bind_address:]port] [–e escape_char] [–F configfile]

　　　[–I pkcs11] [–i identity_file]

　　　[–L [bind_address:]port:host:hostport]

　　　[–l login_name] [–m mac_spec] [–O ctl_cmd] [–o option] [–p port]

　　　[–R [bind_address:]port:host:hostport] [–S ctl_path]

　　　[–W host:port] [–w local_tun[:remote_tun]]

　　　[user@]hostname [command]

示例：

　　　启动 sshd9 服务

　　　/sbin/sshd9 –p 30001

　　　ssh9 –p 30001 root@32768[86[10[15[3]2

---

⑥ scp9:cd：是 V9 内核系统下基于 IPV9 网络远程登录进行安全的远程文件复制的命令程序。

功能：ssh 远程 IPV9 主机

语法：scp [–12346BCpqrv] [–c cipher] [–F ssh_config] [–i identity_file]

　　　[–l limit] [–o ssh_option] [–P port] [–S program]

　　　[[user@]host1:]file1 ... [[user@]host2:]file2

示例：

　　　scp9 –P 30001 a.txt root@32768[86[10[15[3]2:/root/

---

⑦ nslookup9：用来诊断 IPv4/IPV9 网络域名系统（DNS）基础结构的信息。

示例：

　　　nslookup9

　　　server n.root–servers.chn

　　　set q = ns

　　　.

---

⑧ dig9：IPv4/IPV9 网络域名系统信息搜索器，可以执行查询域名相关的任务。

示例：

> dig9 AAAAAAAA +trace em777.chn +noedns +nodnssec

⑨ wget9：IPV9 网络上自动下载文件的工具，支持通过 HTTP、HTTPS、FTP 三个最常见的 TCP/IP 协议下载。

示例：

> wget9 http://em777.chn

（2）网络相关软件

IPv4/IPV9 网络配置器（DHCP9）、Firefox 火狐浏览器和 Trunderbird9 邮件客户端。

支持 IPv4/IPV9 网络的 Firefox 浏览器访问 IPv4、IPV9 资源。

支持 IPv4 的 CHN、HKG、USA 域名体系，支持 IPv4/IPV9 网络的 Firefox 浏览器能够访问 IPv4 地址网站：

http://em777.chn	202.170.218.91	上海
http://www.zjbdth.chn	115.236.167.14	浙江
http://nasa.usa	52.0.14.116	美国
http://www.hkcd.hkg	152.101.169.49	中国香港
http://mail.cei.chn	203.207.229.36	国家信息中心中经网企业邮件系统

支持 IPV9 的 CHN 域名体系，支持 IPv4/IPV9 网络的 Firefox 浏览器能够访问 IPV9 地址网站：

http://mofcom.gov.chn/	http://32768[86[21[4]189/	商务部网站
http://shvideo.chn/chess/	http://32768[86[21[4]199/video/	上海机房
http://websztc9.chn/office	http://32768[86[10[4]101/office/	ID:admin ps:123456 北京神州天才

支持 IPV9 直接地址访问体系，V9 Firefox 浏览器能够访问 IPV9 地址网站：

http://32768[86[10[4]101/weberp http://websztc9.chn/weberp ID:admin ps:123456 北京神州天才

http://32768[86[21[4]199/r9mng/ http://shvideo.chn/r9mng/ 上海机房

支持 IPv4/ IPV9 数字域名体系，IPv4/ IPV9 Firefox 浏览器能够访问 00486210000000002. 地址网站。

支持 IPv4 域名和地址体系，IPv4/ IPV9 Firefox 浏览器能够访问 IPv4 地址网站。

http://www.baidu.com，http://www.mofcom.gov.com，http://www.cei.gov.cn

---

（3）开发工具

Vim 代码编辑器、Wireshark 网络分析器（支持 IPV9 网络数据包分析）、IPV9 网络 sockets 编程接口 api。

（4）V9 云端服务

Group-Office（群组办公）、CHAT（群组聊天）、WEBERP（云端 ERP）等。

Group-Office（群组办公）：

http://websztc9.chn/office   http://32768[86[10[4]]101/office/   ID:admin   ps:123456 北京神州天才

CHAT（群组聊天）：

http://websztc9.chn/chat   http://32768[86[10[4]]101/chat/   ID:admin   ps:admin

WEBERP（云端 ERP）

http://websztc9.chn/erp   http://32768[86[10[4]]101/erp/   ID:admin   ps:123456

9.1.3 使用注意事项

泰山计划 FNv9 内核 Ubuntu kylin16.04 桌面操作系统及软件程序使用注意事项如下。

（1）兼容性

Google Chrome 浏览器仅支持访问 IPv4 的域名体系网站，不支持访问 IPV9 地址的 CHN 域名体系网站，不支持 IPV9 直接地址访问体系网站。

如果用户自行升级 Linux 内核其他版本，IPV9 网络相关程序和软件将无法使用、 Mozilla-Firefox 浏览器 IPV9 功能将无法使用。目前，正在开发升级版本（V9 内核 Linux 4.4.），可升级。

其他 IPv4 网络的应用软件不支持 IPV9 网络和域名体系，需要针对这些软件底层网络接口 API 进行二次开发。

（2）安全性

在 IPv4/IPV9 兼容网络环境下，IPv4 网络存在的安全问题同样存在。在 IPV9 网络环境下，IPv4 网络的任何攻击将没有效果。

9.2 操作系统安装与应用

9.2.1 安装系统

IPV9 个人桌面版操作系统的安装和 Windows 系统的安装过程相似，可以通过光盘、U 盘或者网络下载，安装过程开始界面如图 9.1 所示。

图 9.1 泰山操作系统安装界面

安装过程会让用户选择安装类型、选择磁盘、选择时区（默认是中国上海市）、选择语言、设置用户信息、安装配置文件操作，按照提示进行即可。安装完成后需要重新启动，启动后界面如图 9.2 所示。选择登录方式。

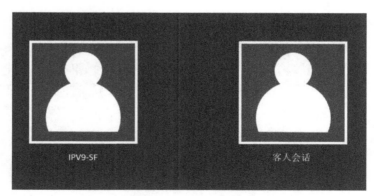

图 9.2 登录方式选择

选择以 IPV9-SF 方式登录后，进入主界面，如图 9.3 所示。

图 9.3　安装完成后主界面

　　首次登录泰山操作系统会出现键盘快捷键操作命令提示面板，对初学者有很大的帮助。之后会出现"快速启动应用程序"引导界面，如图 9.4 所示。

图 9.4　快速启动应用程序

　　单击右下角的选择项目圆圈，就会切换到"查看系统基本状态"界面，如图 9.5 所示。"文件管理器"引导界面，如图 9.6 所示。"查看和修改系统设置"引导界面，如图 9.7 所示。"常用工具配置"引导界面，如图 9.8 所示，执行相应操作即可。

图 9.5　查看系统基本状态

图 9.6　文件管理器引导界面

图 9.7　查看和修改系统设置引导界面

图 9.8　常用工具配置引导界面

9.2.2　系统设置

先选择右上角的设置图标，如图 9.9 所示。出现全部设置界面，如图 9.10
所示。

图 9.9　设置图标

图 9.10　全部设置界面

　　全部设置中包含了系统的大部分常规设置，主要包括个人设置、硬件设置和系统设置。选择相关图标，即可进行相应的设置。

　　在系统设置中的"详细信息"选项，可以查看系统硬件状况，如图 9.11 所示。默认应用程序，如图 9.12 所示；可移动介质，如图 9.13 所示。

图 9.11　系统硬件状况

图 9.12　默认应用程序

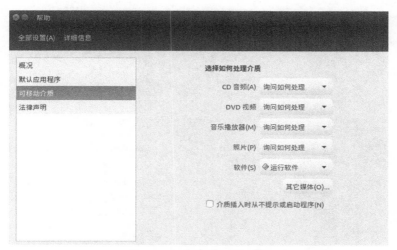

图 9.13　可移动介质 [①]

9.2.3　应用软件安装

应用软件来源于开源社区，类似于 APP Store 的应用商店，通过桌面上的
Ubuntu Kylin 软件管理中心进行软件安装，如图 9.14 所示。单击图标后出现
如图 9.15 所示的界面。

图 9.14　应用软件安装图标选项

---

① 图中"其他"应为"其他"。

图 9.15　应用软件界面

在界面左侧的图列中的"宝库"选项中，列出了系统推荐需要安装的应用软件，如图 9.16 所示。

图 9.16　系统推荐安装的应用软件

在界面左侧的图列中的"卸载"选项中，可以卸载不需要的软件，如图 9.17 所示。

图 9.17　卸载软件界面

对于习惯于 Windows 系统的用户，系统提供了更加强大的对比功能，可以根据用户在 Windows 中对应的软件选择相同的替代品，如图 9.18 所示。

图 9.18　Windows 软件对应的替代品

桌面操作系统预装了日常办公所需的文字处理软件（WPS 之 Word）、表格处理软件（WPS 之 Excel）、文档演示软件（WPS 之 PPT）。

系统自带的影音播放软件（MPV），如图 9.19 所示。

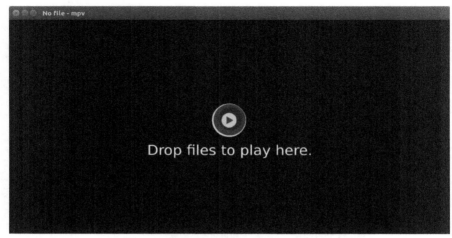

图 9.19　影音播放软件（MPV）

系统自带的影音播放软件（MPV），如图 9.20 所示。

图 9.20　图像处理软件（Gimp）

系统推荐使用优客软件，类似于 360 安全卫士的系统优化软件，如图 9.21 所示。

图 9.21　优客系统软件[①]

9.3　终端网络设置与访问

泰山操作系统集成了 IPV9 地址管理功能，介绍如下。

9.3.1　地址查看

单击系统桌面右上角的数据交换图标，如图 9.22 所示。

图 9.22　数据交换图标

选择对应的网络编辑连接，可以增加新的网络连接，如图 9.23 所示。

选择对应的"有线连接 1"，单击右侧的"编辑"出现对话框，如图 9.24 所示。

————————

① 图中"帐号"，应为"账号"，系统显示原因，余同。

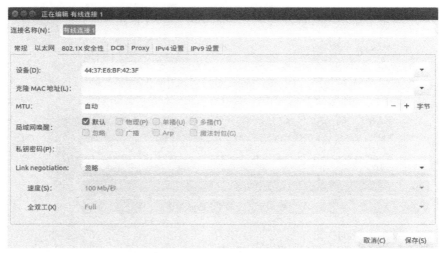

图 9.23　选择网络连接

图 9.24　有线连接 1 的编辑界面

选择"IPV9 设置"选项，可以设置和查看具体的 IPV9 的地址，如图
9.25 所示。

正在编辑 有线连接 1

连接名称(N): 有线连接 1

常规 以太网 802.1X 安全性 DCB Proxy IPv4 设置 IPv9 设置

方法(M): 手动

地址

地址	掩码	网关
3000000013[86[28[782264886[86129149[1]1[167844848	248	3000000013[86[28[782264886[86129149[1]1[167844833

增加(A)

删除(D)

DNS 服务器: 32768[86[21[4]3232239457

搜索域(E):

IPv9 隐私扩展(P): 已禁用

☐ 需要 IPv9 地址完成这个连接

路由(R)...

取消(C)   保存(S)

图 9.25   设置和查看 IPV9 的地址

9.3.2   访问 IPv4/IPV9 网站

单击系统桌面上的火狐浏览器，即可浏览网站信息，如图 9.26 所示。

图 9.26   火狐浏览器图标

输入对应网络域名，例如输入 http://www.dabeiduo.com，即可访问基于
IPv4 网络的资源，如图 9.27 所示。

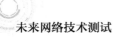

图 9.27 访问 IPv4 网站

输入 http://test.hao123.chn:8888 访问纯 IPV9 网络地址，如图 9.28 所示。

图 9.28 纯 IPV9 网络地址访问网页

9.4 Linux 的基本操作

泰山桌面系统和 Windows 不一样的地方在于 Windows 多通过程序菜单来选择应用软件，而泰山系统直接输入应用名称即可使用软件，如图 9.29 所示。

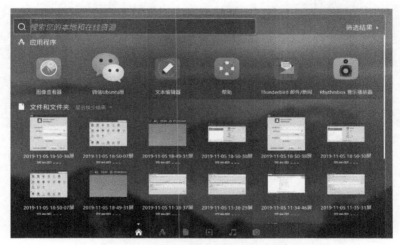

图 9.29 泰山系统输入名称查询软件

9.4.1 字符命令操作

Linux 最强大的终端管理功能是字符操作，这样可以让速度更快，让系统更安全。单击桌面上向右箭头图标，如图 9.30 所示，即可出现字符操作界面，如图 9.31 所示。

图 9.30 字符界面操作按钮

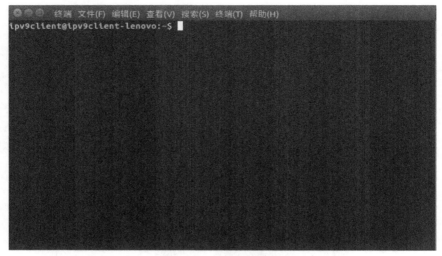

图 9.31　字符操作界面

9.4.2　常用 Linux 终端指令

（1）基本命令

①关机命令如下。

shutdown –h now　　　// 立刻关机

shutdown –h 5　　　　//5 分钟后关机

poweroff　　　　　　// 立刻关机

②重启命令如下。

shutdown –r now　　　// 立刻重启

shutdown –r 5　　　　//5 分钟后重启

reboot　　　　　　　// 立刻重启

（2）帮助命令

--help 命令

shutdown –help

ifconfig –help　　　　// 查看网卡信息

man 命令（命令说明书）

man shutdown　　　　// 注意：man shutdown 打开命令说明书之后，使用按

键 q 退出。

（3）目录操作命令

①切换 cd

cd /　　　　　　　// 切换到根目录

cd /usr　　　　　　// 切换到根目录下的 usr 目录

cd ../　　　　　　 // 切换到上一级目录或者 cd ..

cd ~　　　　　　　// 切换到 home 目录

cd –　　　　　　　// 切换到上次访问的目录

②目录查看 ls [–al]

命令：ls [–al]

ls　　　　　　　// 查看当前目录下的所有目录和文件

ls –a　　　　　　// 查看当前目录下的所有目录和文件（包括隐藏的文件）

ls –l 或 ll　　// 列表查看当前目录下的所有目录和文件（列表查看，显示更多信息）

ls /dir　　　　　// 查看指定目录下的所有目录和文件如：ls /usr

③目录操作（增、删、改、查）

● 创建目录（增）mkdir

命令：mkdir 目录

mkdir aaa　　　　// 在当前目录下创建一个名为 aaa 的目录

mkdir /usr/aaa　// 在指定目录下创建一个名为 aaa 的目录

● 删除目录或文件（删）rm

命令：rm [–rf] 目录

删除文件：

rm 文件　　　　　// 删除当前目录下的文件

rm –f 文件　　　// 删除当前目录的文件（不询问）

删除目录：

rm –r aaa　　　　// 递归删除当前目录下的 aaa 目录

rm –rf aaa　　　 // 递归删除当前目录下的 aaa 目录（不询问）

● 全部删除

rm –rf *　　　　　// 将当前目录下的所有目录和文件全部删除

rm –rf /*　　　　// 【自毁命令！慎用！】将根目录下的所有文件全部删除

注意：rm 不仅可以删除目录，还可以删除其他文件或压缩包。为了方便大家记忆，无论删除任何目录或文件，都直接使用 rm –rf 目录 / 文件 / 压缩包。

● 重命名目录 mv

命令：mv 当前目录新目录

示例：mv aaa bbb　　// 将目录 aaa 改为 bbb

注意：mv 的语法不仅可以对目录进行重命名，还可以对各种文件、压缩包等进行重命名的操作。

● 剪切目录 mv

命令：mv 目录名称目录的新位置

示例：将 /usr/tmp 目录下的 aaa 目录剪切到 /usr 目录下面

mv /usr/tmp/aaa /usr

注意：mv 语法不仅可以对目录进行剪切操作，还可以对文件和压缩包等执行剪切操作。

● 复制目录

命令：cp –r 目录名称目录复制的目标位置，–r 代表递归

示例：将 /usr/tmp 目录下的 aaa 目录复制到 /usr 目录下面

cp /usr/tmp/aaa /usr

注意：cp 命令不仅可以复制目录，还可以复制文件、压缩包等，拷贝文件和压缩包时不用写 –r 递归。

● 搜索目录 find

命令：find 目录参数文件名称

示例：find /usr/tmp –name'a*'　查找 /usr/tmp 目录下的所有以 a 开头的目录或文件。

（4）文件操作命令

①文件操作（增、删、改、查）。

● 新建文件（增）touch

命令：touch 文件名

示例：在当前目录创建一个名为 aa.txt 的文件

touch　aa.txt

● 删除文件（删）rm

命令：rm –rf 文件名

● 修改文件（改）vi 或 vim

vi 编辑器的 3 种模式：vi 可以分为三种状态，分别是命令模式（command mode）、插入模式（Insert mode）和底行模式（last line mode），各模式的功能区分如下。

②命令行模式（command mode）。

控制屏幕光标的移动，字符、字或行的删除、查找，移动复制某区段及进入 Insert mode 下，或者到 last line mode。

命令行模式下的常用命令：

● 控制光标移动：↑、↓、→、←

● 删除当前行：dd

● 进入编辑模式：i o a

● 进入底行模式：:

编辑模式（Insert mode）

只有在 Insert mode 下，才可以做文字输入，按「Esc」键可回到命令行模式。

编辑模式下常用命令：Esc 退出编辑模式到命令行模式。

③底行模式（last line mode）。

将文件保存或退出 vi，也可以设置编辑环境，如寻找字符串、列出行号等。

底行模式下常用命令：

● 退出编辑：:q

● 强制退出：:q!

● 保存并退出：:wq

④打开文件命令。

命令：vi 文件名

示例：打开当前目录下的 aa.txt 文件

vi aa.txt 或者 vim aa.txt

注意：使用 vi 编辑器打开文件后，并不能编辑，此时处于命令模式，单击键盘 i/a/o 进入编辑模式。

⑤编辑文件。

使用 vi 编辑器打开文件后点击按键：i、a 或者 o 即可进入编辑模式。

i：在光标所在字符前开始插入

a：在光标所在字符后开始插入

o：在光标所在行的下面另起一新行插入

保存或者取消编辑

⑥保存文件。

第一步：Esc 进入命令行模式

第二步：进入底行模式

第三步：wq 保存并退出编辑

取消编辑

第一步：Esc 进入命令行模式

第二步：进入底行模式

第三步：q! 撤销本次修改并退出编辑

⑦文件的查看。

文件的查看命令：cat/more/less/tail

cat：看最后一屏

示例：使用 cat 查看 /etc/sudo.conf 文件，只能显示最后一屏内容。

cat sudo.conf

more：百分比显示

示例：使用 more 查看 /etc/sudo.conf 文件，可以显示百分比，按回车键可以向下一行，按空格键可以向下一页，q 可以退出查看。

more sudo.conf

less：翻页查看

示例：使用 less 查看 /etc/sudo.conf 文件，可以使用键盘上的 PgUp 和 PgDn 向上和向下翻页，q 结束查看。

less sudo.conf

tail：指定行数或者动态查看

示例：使用 tail –10 查看 /etc/sudo.conf 文件的后 10 行，Ctrl+C 结束。

tail –10 sudo.conf

⑧权限修改。

rwx：r 代表可读，w 代表可写，x 代表该文件是一个可执行文件。如果 rwx 任意位置变为 – 则代表不可读或不可写、不可执行文件。

示例：给 aaa.txt 文件权限改为可执行文件权限，aaa.txt 文件的权限是 –rw。

第一位：– 代表文件，d 代表文件夹；

第一段（3 位）：代表拥有者的权限；

第二段（3 位）：代表拥有者所在的组，组员的权限；

第三段（最后 3 位）：代表其他用户的权限。

（5）压缩文件操作

①打包和压缩。

Windows 的压缩文件的扩展名 .zip/.rar

Linux 中的打包文件：aa.tar

Linux 中的压缩文件：bb.gz

Linux 中打包并压缩的文件：.tar.gz

Linux 中的打包文件一般是以 .tar 结尾的，压缩的命令一般是以 .gz 结尾的。

在一般情况下，打包和压缩是一起进行的，打包并压缩后的文件的后缀名一般为 .tar.gz。

命令：tar –zcvf　打包压缩后的文件名。

其中：z：调用 gzip 压缩命令进行压缩；

c：打包文件；

v：显示运行过程；

f：指定文件名。

示例：打包并压缩 /usr/tmp 下的所有文件，压缩后的压缩包指定名称为 xxx.tar。

tar –zcvf ab.tar aa.txt bb.txt

或：tar –zcvf ab.tar *

②解压命令。

命令：tar [–zxvf] 压缩文件

其中：x：代表解压

示例：将 /usr/tmp 下的 ab.tar 解压到当前目录下。

（6）查找命令

① Grep 命令。grep 命令是一种强大的文本搜索工具。

② Find 命令。find 命令在目录结构中搜索文件，并对搜索结果执行指定的操作。

find 默认搜索当前目录及其子目录，且不过滤任何结果（即返回所有文件），将其全都显示在屏幕上。

③ locate 命令。locate 让使用者可以快速搜寻某个路径。默认每天自动更新一次，因此，使用 locate 命令查不到最新变动过的文件。为了避免这种情况，可以在使用 locate 之前，先使用 updatedb 命令，手动更新数据库。如果数据库中没有查询的数据，则会报出 locate: can not stat () '/var/lib/mlocate/mlocate.db': No such file or directory 该错误！ updatedb 即可！

④ yum –y install mlocate。如果是精简版 CentOS 系统，需要安装 locate 命令。

⑤ whereis。whereis 命令是定位可执行文件、源代码文件、帮助文件在文件系统中的位置。这些文件的属性应属于原始代码、二进制文件，或是帮助文件。

⑥ which 命令。which 命令的作用是在 PATH 变量指定的路径中，搜索某个系统命令的位置，并返回第一个搜索结果。

⑦ su 命令。su 命令用于用户之间的切换。但切换前的用户依然保持登录状态。如果是 root 向普通或虚拟用户切换则不需要密码，反之普通用户切换到其他任何用户都需要密码验证。

⑧ sudo 命令。sudo 命令是为所有想使用 root 权限的普通用户设计的，可以让普通用户具有临时使用 root 权限的权利，只需输入自己账户的密码即可。

9.5　IPV9 浏览器安装

在远程计算机上已经安装好 IPV9 的环境下进行 IPV9 浏览器测试。

测试环境：远程连接的计算机操作系统中已经安装好 IPV9 扩展安装程序，并配置好 IPV9 地址，可以用 IE 浏览器进行 IPV9 网页的访问。

9.5.1　远程桌面连接

远程桌面连接有两种方式。

方式一：用鼠标单击开始找到所有程序并定位到 Windows 附件菜单，直接单击 Windows 附件菜单中的远程桌面连接子菜单，就可以进行远程桌面的连接，如图 9.32 所示。

方法二：直接在 Windows10 操作系统的命令框中输入"mstsc"，按 Enter 键后开始菜单直接显示远程桌面连接的菜单，如图 9.33 所示。

图 9.32　远程桌面连接菜单　　图 9.33　远程桌面连接菜单命令方式

单击远程桌面连接菜单，进入 Windows10 的远程桌面连接的功能，如图 9.34 所示。在远程桌面连接界面输入需要远程连接的计算机远程 IP 地址（211.88.14.137）和用户名（dog），单击连接就可以进入连接远程计算机的状态。

远程连接的计算机需要输入用户密码（*********），输入后单击"确定"按钮即可。

图 9.34　远程桌面的连接登录界面

9.5.2　远程测试 IPV9

远程计算机连接好后，就可以打开远程计算机的 Windows10 操作系统，如图 9.35 所示。

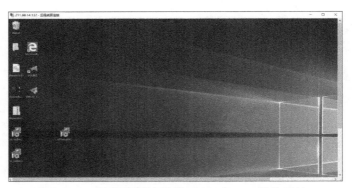

图 9.35　远程桌面连接的 Windows10 操作系统

（1）访问 IPV9 地址的网页

在远程的计算机的 Windows10 操作系统中 IE 浏览器地址栏内输入 IPV9 的网址，例如输入：32768[86[21[4]3/，显示 IPV9 浏览器页面，如图 9.36 所示。

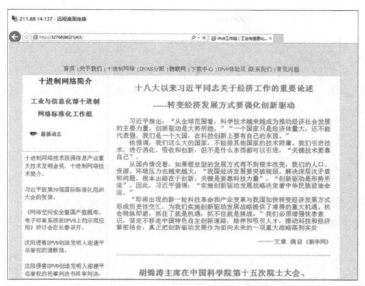

图 9.36　访问 IPV9 地址下 IPV9 浏览器页面

（2）访问 CHN 域名网页

在远程计算机的 Windows10 操作系统中 IE 浏览器地址栏内输入 IPV9 的域名 em777.chn，显示 IPV9 页面，如图 9.37 所示。

图 9.37　访问 V9 的域名下的 IPV9 浏览器页面

9.5.3　本地测试 IPV9 浏览器

现在介绍如何在本地计算机操作系统（Windows）上进行测试 IPV9 浏览器。首先，选取安装 Windows 操作系统的计算机，在 Windows 操作系统安装 IPV9 扩展安装包。然后，将 Windows 操作系统的 IP 地址配置或者修改成 IPV9 地址。最后，在 IE 浏览器上进行 IPV9 页面的访问。

（1）安装说明

双击 IPV9 扩展安装包进行安装。

安装完毕后按照提示设置本机 IPV9 地址。

打开 IE 浏览器，访问 IPV9 地址或 IPV9 域名（需对应服务器支持 IPV9 地址）进行测试。

（2）运行环境

IPV9 浏览器所处计算机或虚拟机必须接 IPV9 路由器，IPV9 浏览器访问 IPV9 网站，请确保 IPV9 链路通畅。如 IPV9 浏览器服务配置 IPV9 地址 32768[86[21[4]7777，该地址到达 HTTP9 WEB 服务器必须通畅（32768[86[21[4]3），可以在 IPV9 浏览器连接由器系统 ping9 –a inet9 32768[86[21[4]7777, ping9 –a inet9 32768[86[21[4]3，保证 IPV9 数据传输可达。

32 位 Windows 操作系统、64 位 Windows 操作系统、IE10、IE11 环境下正常安装测试。

如果计算机是 32 位 Windows 操作系统，只需要安装 V9Setup32 安装程序即可。

如果计算机是 64 位 Windows 操作系统，需要先安装 vc_redist.x64 和 vc_redist.x86 安装程序，然后再安装 V9Setup64 安装程序。

（3）如何判断软件是否正确安装

打开 IE 浏览器，单击"设置"中的"管理加载项"。正常安装后应显示 IPV9 BHO Class 已启用，如图 9.38 所示。

（4）Windows7 服务打开方式

在 Windows7 操作系统的计算机上，右键单击桌面上的计算机图标，打开右键快捷菜单，如图 9.39 所示。单击"管理"命令，打开计算机管理界面，如图 9.40 所示。

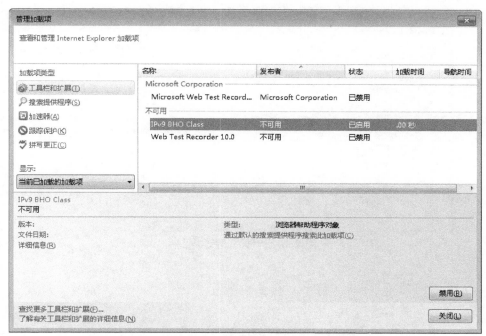

图 9.38　IE 浏览器中设置管理加载项

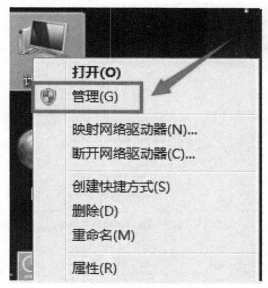

图 9.39　选择服务和应用程序

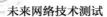
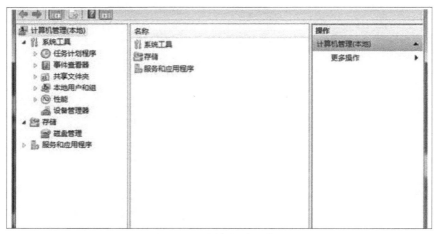

图 9.40　计算机管理界面

在计算机管理界面，单击"服务和应用程序"左侧的三角图标，展开下级菜单，如图 9.41 所示。

图 9.41　Windows10 服务打开方式

在"服务和应用程序"，单击"服务"即可显示服务管理界面，如图 9.42 所示。

图 9.42　服务管理界面

打开系统服务，正常安装后应显示服务 v9Proxy 已启动，如图 9.43 所示。

图 9.43　IPV9 的服务启动列表

9.5.4 配置（修改）V9 地址

在"开始"菜单"所有程序"里，找到"IPV9Extension"中的"IPV9 配置"，如图 9.44 所示。

图 9.44　IPV9Extension 菜单

打开修改的 IPV9 地址界面，如图 9.45 所示。

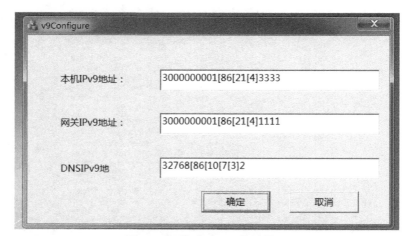

图 9.45　修改 IPV9 地址界面

9.5.5 修改 DNS 地址

（1）将 DNS 地址修改的压缩软件解压到 C 盘根目录下，如图 9.46 所示。

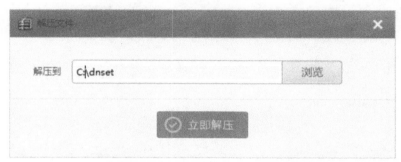

图 9.46 软件解压到 C 盘根目录下

（2）以管理员身份运行 ddns_set 文件，如图 9.47 所示。在安装过程中，部分杀毒软件可能会提示风险，选择允许操作。软件启动后自动生效。软件启动后在任务栏右下角，如图 9.48 所示，双击即可打开。如果想关闭，在 DDNS 界面直接单击右上角的关闭按钮退出程序。

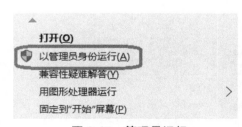

图 9.47 管理员运行

图 9.48 软件启动任务栏

（3）IPV9 Web 测试页面

访问 IPV9 地址的网页。在远程的计算机的 Windows10 操作系统中 IE 浏览器地址栏内输入 IPV9 的地址：32768[86[21[4]3/，显示 IPV9 浏览器页面，如图 9.49 所示。

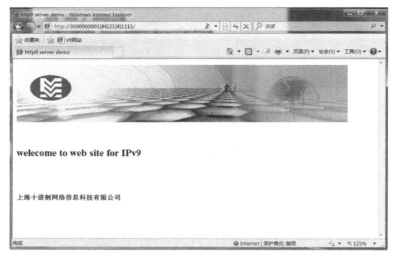

图 9.49　本地计算机 IPV9 浏览器测试

访问 CHN 域名网页。在远程的计算机的 Windows10 操作系统中 IE 浏览器地址栏里面输入 IPV9 的域名 em777.chn，显示 IPV9 浏览器页面如图 9.50 所示。

图 9.50　访问 IPV9 的域名下的网站

参考文献

［1］王建国，王中生．计算机网络技术及应用 [M].北京：清华大学出版社，2006.

［2］叶哲丽，王中生．计算机网络技术基础 [M].北京：电子工业出版社，2006.

［3］王中生，谢建平．未来网络技术及应用 [M].北京：清华大学出版社，2021.

［4］王中生，谢建平．十进制网络技术及应用 [M].北京：电子工业出版社，2021.

［5］洪波，王中生．未来网络与物联网 [M].西安：陕西人民出版社，2022.

［6］王中生，张庆松．未来网络技术发展研究 [M].西安：陕西人民出版社，2022.

［7］谢建平．联网计算机用全十进制算法分配计算机地址的总体分配方法：00127622.0[P].
2000-11-30.

［8］谢建平．联网计算机用全十进制算法分配计算机地址的方法：00135182.6[P]. 2000-
12-26.

［9］谢建平．联网计算机用全十进制算法分配地址的方法：US: 8082365[P]. 2011-12-01.

［10］未来网络 (ISO/IEC-29181-2/IPV9) 国产设备系统和服务发布 [EB/OL]. (2019-11-15)
[2023-10-30].http://vr.sina.com.cn/news/hz/2019-11-15/doc-iihnzahi1112373.shtml.

［11］郑海峰．计算机路由器网络地址转换的配置研究 [J].科技风，2015(7): 90.

［12］李秀峰．NAT 技术及其应用分析 [J].无线互联科技，2019(19): 138-139.

［13］吴国发．IPV9、"未来网络"与网络安全 [EB/OL]. (2020-05-25)[2023-10-30]. https://
net.blogchina.com/blog/article/939220110.